「아이의 권리와 몸」 시리즈

아이를 지키고, 회복시키고, 성장하게 하는 소중한 이야기

흔들리는 아이들, 길을 잃지 않도록

| 중독 권하는 사회에서 어린이의 권리 보호하기 |

김은아 저

KNOWLEDGE COMMUNITY 공동체

기획 의도

현대 사회에서 어린이는 디지털·설탕·행위·음란물·약물 등 다양한 중독위험에 노출되어 있습니다. 이 책은 최신 뇌과학과 발달심리, 아동권리 담론을 토대로 중독 메커니즘의 본질과 도파민 시스템의 작동 방식을 설명하며, 부모와 교사가 실천할 수 있는 예방 전략을 제시합니다. 단순한 경고가 아니라, 아이의 자기조절력·판단력·자존감을 키우는 실질적 방법을 담았습니다.

| 추천사 |

정신건강의학과 전문의로서, 또한 중독 치료의 최전선에서 많은 이들을 만나면서, 중독 문제가 더 이상 특정 연령이나 계층의 문제가 아님을 절감합니다. 특히 발달 과정에 있는 우리 아이들이 디지털 기기, 가공식품, 심지어 마약류의 위험에까지 무방비로 노출되는 현실은 심각한 우려를 자아냅니다.

이 책은 최신 뇌과학과 발달심리 이론을 바탕으로 중독의 메커니즘을 명확히 설명할 뿐만 아니라 아이들이 왜 중독에 취약할 수밖에 없는지를 환경적·사회적 요인과 연결하여 깊이 있게 분석합니다.

단순히 위험성을 경고하는 데 그치지 않고, '아동권리'와 '안전'이라는 핵심적인 관점에서 문제에 접근하는 관점이 인상적입니다. 아이의 자기조절력과 자존감을 키우고, 건강한 '첫 번째 습관'을 형성하도록 돕는 실질적인 지혜가 가득합니다.

중독은 예방이 무엇보다 중요하며, 그 시작은 아이를 둘러싼 가장 가까운 어른들의 이해와 노력에 달려있습니다. 이 책은 중독이 범람하는 사회에서 우리 아이들을 지키고 건강하게 성장시키고자 하는 모든 어른들에게 든든한 나침반이 되어줄 것이라 확신합니다.

천영훈
인천참사랑병원 원장
한국중독정신의학회 특임이사
한국마약퇴치운동본부 고문

이 책은 "아이를 잘 키우겠다"는 과욕이 오히려 아동권리를 침해할 수 있다는 설득력 있는 사실과 논리를 통해 우리들에게 경종을 울리고 있습니다. 그리고 우리가 부지불식간에 저지르고 있을지 모르는 아동학대를 '중독'이라는 개념을 통해 풀어가고 있습니다. 지금 우리 사회에서 아동 '교육과 보육'이 '과잉 또는 결핍'으로 극과 극의 격차를 보이고 있는 시대에 보호자, 교육자, 교육행정가들이 두루 읽어보면 좋을 책입니다. 또한 저자의 바람처럼 이 책을 통해 아이들을 더 깊이 이해할 수 있는 계기가 되었으면 합니다.

이병승
교육부 영유아교원지원과장

| 프롤로그 |

이 책을 손에 든 당신에게 가장 먼저 전하고 싶은 이야기가 있습니다. 만약 당신이 아이를 훈육하는 데 필요한 완벽한 마스터플랜이나 절대 실패하지 않는 사용 설명서를 찾고 있다면, 책을 조용히 덮으셔도 좋습니다. 그런 것은 세상에 존재하지 않기 때문입니다.

아이를 키운다는 것, 가르친다는 것은 정해진 설계도대로 건물을 짓는 일이 아닙니다. 매일 날씨가 바뀌고 토양의 상태가 달라지는 정원을 가꾸는 일에 가깝습니다. 어제의 햇살이 오늘은 가뭄이 되고, 어제의 단비가 오늘은 홍수가 될 수도 있는 예측 불가능한 세상 속에서 우리는 매 순간 새로운 선택의 기로에 놓입니다.

특히 '중독'이라는 거대한 파도 앞에서 우리 어른들은 쉽게 길을 잃습니다. '내가 무언가를 잘못해서', '더 완벽한 계획을 세우지 못해서' 아이가 흔들리는 것은 아닐까 하는 죄책감과 불안감에 휩싸이곤 합니다.

하지만 기억해야 합니다. 부모에게, 교사에게 마스터플랜은 없습니다. 그것이 정상입니다.

그렇다면 우리에게 필요한 것은 무엇일까요? 바로 흔들리지 않는 '원칙'이라는 나침반과, 내 아이의 고유한 지도를 읽어내는 '관찰'이라는 돋보기입니다. 그리고 아이들을 안전하게 지켜주기 위한 아이들의 '권리'라는 커다란 울타리를 세워주는 것입니다.

이 나침반을 손에 쥐고, 당신은 '내 아이'라는 세상에 단 하나뿐인 지도를 매 순간 새롭게 읽어 내려가야 합니다. 아이의 눈빛과 행동, 서툰 말을 통해 아이가 보내는 신호를 알아채고, 지금 이 순간 아이의 성장과 발달을 위해 최선의 선택을 하며 곁을 지켜주는 것. 그것이 바로 우리 어른들이 가질 수 있는 가장 위대한 '플랜'입니다.

이 책은 이 모든 상황 앞에서 지쳐있는 우리 어른들을 비난하기 위해 쓰이지 않았습니다. 오히려 우리가 무심코 사용했던 '순간의 마취제'들의 실체를 함께 들여다보고, 아이들의 잃어버린 세계를 되찾을 희망과 지혜를 나누고자 합니다. 또한 당신에게 완벽한 계획표를 강요하는 대신 든든한 동반자가 되어주고자 합니다. 아이의 뇌가 어떻게 작동하는지(뇌과학), 아이에게 세상이 무엇을 약속했는지(아동권리), 그리고 중독이라는 적이 어떤 얼굴을 하고 있는지(중독의 메커니즘)에 대한 원칙을 알려드릴 것입니다.

이 여정은 때로 외롭고 버겁게 느껴질 수 있습니다. 하지만 당신은 결코 혼자가 아닙니다. 이 책은 당신의 모든 망설임과 지친 어깨를 토닥이며, 그 위대한 여정에 끝까지 함께하는 친구가 되어줄 것입니다.

우리 아이에게 진정으로 필요한 것은 더 강한 자극이 아니라, 모든 순간이 배움의 기회임을 믿어주는 어른의 따뜻한 눈빛과, 세상이라는 가장 위대한 교실로 함께 손잡고 걸어 들어가 주는 시간입니다.

이제, 우리 아이의 삶에 건강한 '첫 번째 습관'을 선물하기 위한 위대한 여정을 시작하겠습니다.

2025년 10월
김은아

| 차 례 |

2부 중독의 종류 : 물질에 빠지는가, 행위에 빠지는가?

3부 어떻게 보호할 것인가?
: 권리와 안전의 관점

4부 '첫 번째 습관'을 바꾸는 실천

1부

우리 아이의 권리를 위협하는 보이지 않는 적들

중독은 더 이상 어른들의 세상에만 존재하는 낯선 단어가 아닙니다. 이 적들은 달콤한 간식의 모습으로, 화려한 영상의 모습으로, 귀여운 캐릭터의 모습으로 위장한 채 우리 아이들의 가장 연약한 뇌와 마음을 향해 손을 뻗고 있습니다. 이 책의 여정은 문제의 실체를 똑바로 마주하는 것에서 시작합니다. 우리는 아이를 둘러싼 '손쉬운 해결책'들이 사실은 아이의 성장을 멈추게 하는 '순간의 마취제'임을 인식하고 아이들을 위해 우리가 할 수 있는 일들을 실천해야 합니다.

1부에서는 우리 아이들의 소중한 권리를 위협하는 '중독'이라는 보이지 않는 적들의 정체와, 그것이 물질과 행위라는 각기 다른 모습으로 어떻게 우리의 일상에 침투해 있는지 그 구체적인 얼굴들을 확인하겠습니다.

1장

중독이란 무엇인가?
: 뇌 발달의 경로를 납치하는 해적

1 중독 : 불행해서 중독되고, 중독되어 불행해진다[1]

'중독(中毒)'의 사전적 의미는 생체가 음식물이나 약물의 독성에 의하여 기능장애를 일으키는 일(국어사전, 2025), 즉 생체가 음식물이나 약물의 독성에 의하여 기능장애를 일으키거나 술이나 마약 따위를 지나치게 복용한 결과 그것 없이는 견디지 못하는 병적인 상태라고 정의됩니다. 여기에는 사실 두 가지의 중요한 의미를 함께 담고 있습니다. 첫째는 독성물질에 의해 몸이 손상되는 의학적 중독(Poisoning)

---

1 2011년부터 2019년까지 제작기간 9년에 걸쳐 제작된 김상철 감독의 작품 로드 다큐멘터리 《Addiction》의 부제입니다. 스페인, 미국, 영국, 인도, 러시아, 일본, 한국 등 7개국을 넘나들며 '중독' 그 시작과 끝의 이야기를 그려냈습니다. 중독의 문제는 개인의 건강이나 질환의 문제이기 이전에 강자의 일방성과 맞닿아 있는 사회의 문제로 인식하고 있습니다(http://www.bethelkorea.org).

이며, 둘째는 특정 대상 없이는 견디지 못하는 심리적 의존(Addiction)입니다. 아이가 실수로 화학물질을 삼키는 것은 전자에 해당하고, 스마트폰 영상 없이는 밥을 먹지 못하는 것은 후자에 가깝습니다. 두 가지 모두 아이의 안전과 권리를 위협하는 위험한 상태임은 분명합니다.

이 책에서는 특히 우리 아이들의 '첫 번째 습관'을 위협하며 뇌의 보상회로를 납치하는 후자, 즉 '의존으로서의 중독(Addiction)' 문제에 대해 깊이 있게 탐색하고자 합니다.

중독(addiction)의 어원은 라틴어 'addicene'로 '동의하다, 양도하다'입니다. 고대 사회에서 노예가 된 사람을 묘사하는 데 사용되던 말이었지만 현대적인 의미로는 처음에 무언가를 필요에 의해서 또는 자신이 하고 싶어서 하다가 나중에 가서는 그것을 조절하지 못하고 그것의 노예가 되어버리는 것을 의미합니다(질병관리청 국가건강정보포털, 2025).

이런 의미 때문에 우리 어른들은 흔히 중독을 의지가 약하거나 도덕적으로 문제가 있는 상태라고 오해합니다. 하지만 유아기 중독은 더더욱 그런 관점으로 봐서는 안 됩니다. 유아기 중독은 '특정 쾌락에 대한 보상회로가 뇌에 너무 깊고 강하게 새겨져, 다른 평범한 즐거움에는 반응하지 못하고 오직 그 쾌락만을 갈망하게 되는 뇌과학적 상태'를 의미합니다.

뇌 안에 수많은 길이 나는 새로운 도시를 상상해 봅시다. 어떤 길은 공원까지 이어지는 아름다운 산책길이고, 어떤 길은 친구 집으로 가는 즐거운 길입니다. 그런데 이때, 엄청난 속도로 짜릿한 쾌감을 주는 고속도로가 하나 뚫린다고 상상해 보세요. 이 고속도로를 한번 경험한 뇌는 힘들게 걸어가야 하는 다른 산책길이나 골목길에 흥미를 잃어버립니다. 뇌는 계속해서 그 빠르고 강렬한 고속도로만 달리려고 합니다. 이것이 바로 중독의 시작입니다.

Poisoning vs Addiction 차이점 비교표

구 분	Poisoning(중독)	Addiction(중독)
정의	독성물질[2]이 체내에 유입될 때 발생하는 해로운 영향	뇌·신경계가 특정 자극/ 물질에 반복적으로 의존하는 상태
작용 방식	독성물질이 일시에 세포/ 장기 손상 유발	보상회로(도파민 등) 자극→반복 추구, 의존·내성 발생
시작	한 번의 노출(소량~다량)만으로도 위험 발생	반복 노출·사용에 의해 점진적으로 형성
결과	• 급성중독 : 즉시 또는 단기간 내 치명적 • 만성노출 : 장기간의 잠복기 후 발생	습관/ 행동 변화, 신체·정신 건강 장애, 사회적 문제 유발
예시	독버섯, 청산가리, 살충제, 일산화탄소 등	니코틴, 알코올, 마약, 게임, 스마트폰, 설탕 등
예방/ 치료	독성물질 그림문자 사용, 독소라벨 추가, 노출 차단, 해독제, 응급처치	심리치료, 환경 교정, 금단관리, 대체활동 등
지속성	• 즉각적·단기적 위험(치명적일 수 있음) • 수은, 납 등의 독소는 축적되어 서서히 나타남	장기적·만성적 위험(서서히 심화)

2 많은 약물 분자는 중독을 통해서만 간접적으로 독성을 갖습니다. 예를 들어, '목재 알코올' 또는 메탄올은 그 자체로는 독성이 없지만 간에 도달하면 화학적으로 독성이 있는 포름알데히드와 포름산으로 전환되어 흡입하면 독성이 나타납니다.

2 뇌 발달의 해적, 도파민

이 고속도로를 달리게 만드는 주범은 바로 도파민(Dopamine)이라는 신경전달물질입니다. 도파민은 흔히 '행복 호르몬'으로 알려져 있지만, 더 정확히는 '강력한 동기부여 및 보상 예측 물질'입니다. 즉, "와~! 방금 그거 정말 좋았어! 다시 하고 싶어! 그걸 하면 또 기분이 좋아질 거야!"라고 우리 뇌를 부추기는 역할을 합니다.

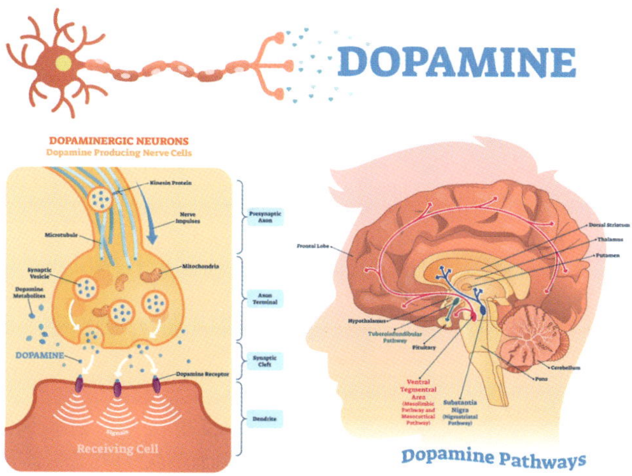

문제는 설탕이나 스마트폰 영상 같은 인공적이고 강렬한 자극이 뇌가 감당할 수 없을 만큼 엄청난 양의 도파민을 뿜어내게 한다는 점입니다. 이 '도파민 폭발'을 경험한 뇌는 그 짜릿함(흥분과 쾌감)을 잊지 못합니다. 다음에 비슷한 자극을 마주하면 뇌는 자동으로 그때의 쾌감을 재현하려 합니다. 폭발 뒤에는 반드시 '도파민 고갈'이라는 깊은 계곡이 따라옵니다. 아이가 갑자기 짜증을 내고, 무기력해지며 불안해하는 것은 바로 이 때문입니다. 그리고 이 고통스러운 고갈 상태를 벗어나기 위해 아이의 뇌는 더 강한 자극과 더 빠른 쾌감을 원하게 되는 '중독의 악순환'에 빠지게 됩니다.

3 누구나 중독될 수 있다

우리 어른들은 종종 중독을 특별한 사람들의 문제라고 생각합니다. 하지만 진실은 우리 모두는 무언가에 의존하며 살아가는 존재이고, 그래서 누구나 중독에 빠질 수 있다는 것입니다. 인간은 혼자서는 살아갈 수 없는 '관계적 존재'이기 때문입니다.

특히 영유아에게 세상은 곧 '엄마, 아빠, 선생님' 등 자신을 돌봐주는 어른과의 관계 그 자체입니다. 아이는 어른과의 안정적인 애착 관계 속에서 사랑과 소속감, 정서적 안정감을 느끼며 내면의 '정서적 컵'을 가득 채웁니다(Wang & Zeng, 2024). 이 컵이 가득 찬 아이는 세상을 탐험할 용기를 얻고, 어려움을 견뎌낼 힘을 기릅니다.

하지만 바쁜 일상 속에서, 혹은 다른 여러 가지 이유로 어른과의 건강한 관계가 결핍되면 어떻게 될까요? 아이의 '정서적 컵'은 텅 비게 됩니다. 뇌는 이 텅 빈 느낌, 즉 외로움과 불안감이라는 고통을 견디지 못하고, 무엇으로든 그 컵을 채우려고 합니다. 이때 가장 손쉽고 빠르게 컵을 채워주는 것이 바로 설탕의 단맛, 스마트폰의 화려한 영상 같은 '즉각적이고 강렬한 쾌락'입니다(Hui, Wenwei & Huihua, 2022).

아이의 정서적 컵이 비어 있을수록, 뇌는 이 공백(외로움·불안)을 견디지 못해 즉각적이고 강렬한 자극을 찾습니다. 이때 수동적 소비

(멍하니 보기·끝없는 스크롤)는 관계적 상호작용을 대체하면서도 공허를 남겨 다시 자극을 찾게 만듭니다. 시간이 지날수록 사용 동기는 쾌락 추구에서 불쾌 회피로 전환되어 부정적 강화 루프가 형성됩니다 (Roy & George, 2014).

아이는 어른과의 관계 대신 사탕과의 관계에, 친구와의 교감 대신 영상 속 캐릭터와의 교감에 의존하게 됩니다. 이것이 바로 영유아기 중독의 가장 슬픈 본질입니다. 중독은 관계의 결핍이 남긴 공허함을 파고드는 것입니다. 중독은 아무도 차별하지 않고 쉽게 중독에 빠질 수 있습니다. 그러므로 지속적인 예방 교육과 안전한 환경을 통해 중독을 차단할 능력을 길러야 합니다.

4 공부는 왜 중독되지 않을까?

여기서 많은 분이 궁금해할 만한 질문이 있습니다. '그렇게 도파민이 강력하다면, 왜 아이들은 몸에 좋은 운동이나 두뇌 발달에 좋은 공부에는 중독되지 않을까요?' 이 질문에 대한 답 속에 중독을 만드는 조건들이 숨어있습니다.

● 즉각적이고 강렬한 쾌락

중독을 유발하는 대상은 노력 대비 즉각적이고 아주 강렬한 쾌감을 줍니다. 쿠키 한 입, 영상 터치 한 번은 뇌에 도파민을 즉시 폭발시킵니다. 반면 공부나 운동의 즐거움(성취감, 지적 희열)은 오랜 시간 노력해야 얻을 수 있는 은은하고 복합적인 쾌감입니다. 우리 뇌는 본능적으로 빠르고 쉬운 길을 선호합니다.

● 최소한의 노력(수동성)

중독 대상은 대부분 아무런 정신적·신체적 노력 없이 쾌락을 얻게 해줍니다. 아이는 가만히 앉아 입만 벌리면 단맛을 느끼고, 손가락만 까딱하면 영상을 볼 수 있습니다. 수동적으로 받아들이기만 하면 되는 것입니다. 하지만 공부는 스스로 생각하고, 질문하고, 답을 찾아야 하는 지극히 능동적이고 힘든 과정입니다.

● 부정적 피드백의 부재

설탕과 미디어는 그것을 사용하는 순간에는 어떤 고통도 주지 않습니다. 오히려 즐거움만 줍니다. 살이 찌거나 뇌 발달이 저하되는 등의 부정적인 결과는 아주 오랜 시간 뒤에 나타나기에 아이의 뇌는 그 위험을 인지하지 못합니다. 반면 공부는 '모르겠다'는 좌절감, '문제가 풀리지 않는다'는 스트레스 등 즉각적인 부정적 피드백이 존재합니다.

이 세 가지 조건(즉각성, 수동성, 부정적 피드백 부재)을 모두 갖춘 대상일수록 중독성이 치명적으로 강합니다. 우리 아이 주변에 이런 조건을 갖춘 것들이 무엇인지 살펴보는 것만으로도 우리는 중독의 위험을 미리 감지할 수 있습니다(Kristen & Marc, 2013).

알아두면 좋은 중독 관련 용어 정리

- 중독(Addiction) : 해로운 결과가 있으리라는 것을 알면서도, 특정 물질이나 행위에 대한 통제력을 잃고 그것을 강박적으로 계속하게 되는 뇌 질환 상태
- 내성(Tolerance) : 같은 수준의 쾌감을 얻기 위해 점점 더 많은 양의 물질이나 더 강한 자극의 행위를 필요로 하게 되는 현상. 뇌가 반복되는 강한 자극에 적응하여, 이전과 같은 자극에는 도파민을 덜 분비하기 때문에 발생(예 영상 시청 시간이 10분에서 30분으로 늘어남)
- 의존(Dependence) : 특정 물질이나 행위가 없으면 심리적·신체적으로 고통스러운 상태(금단 증상)를 느끼게 되어, 그것 없이는 정상적인 생활을 하기 어렵다고 느끼는 상태. 중독의 핵심적인 특징 중 하나
- 금단(Withdrawal) : 의존 상태에서 중독 대상의 사용을 중단했을 때 나타나는 불안, 짜증, 우울, 신체적 고통 등의 불쾌한 증상
- 갈망(Craving) : 중독 대상을 하고 싶다는 생각을 떨쳐버릴 수 없는, 매우 강렬한 심리적 욕구
- 역치(Threshold) : 뇌가 반응을 일으키는 데 필요한 최소한의 자극의 세기. 중독 상태에서는 쾌락을 느끼는 '역치'가 점점 높아져, 일상적인 작은 즐거움에는 반응하지 못하고 점점 더 강한 자극을 찾게 됨
- 플래시 백(Flash back) : 중독물질의 사용을 중단한 지 오랜 시간이 지난 후에도, 특정 장소나 감정, 소리 등의 자극에 의해 과거의 환각이나 경험이 갑자기 생생하게 재현되는 현상. 주로 약물중독에서 나타나지만, 강력한 트라우마나 경험과 관련된 행위 중독에서도 유사한 현상이 나타날 수 있음
- 도파민(Dopamine) : 뇌의 보상회로에서 작용하는 신경전달물질. 흔히 '행복 호르몬'으로 알려져 있지만 정확히는 '행복에 대한 기대감'과 '무언가를 더 하고 싶게 만드는 동기부여'에 더 깊이 관여함

2장

왜 중독되는가?
: 중독의 뿌리를 찾아서

왜 유독 우리 아이들은 이 유혹에 쉽게 흔들리는 것일까요? 아이가 단맛에 집착하고 스마트폰을 손에서 놓지 못하는 것은 단순히 의지가 약하거나 버릇이 없기 때문이 아닙니다.

여기에는 아이의 뇌 발달 단계, 아이를 둘러싼 환경, 그리고 우리가 사는 사회의 구조적인 문제가 복잡하게 얽혀 있습니다. 2장에서는 그 근본적인 원인을 찾아 아이의 뇌와 아이를 둘러싼 성장 환경, 그리고 우리가 속한 사회라는 3개의 땅을 깊이 파고 내려가 보겠습니다. 문제의 근원을 이해할 때, 우리는 비로소 표면적인 해결책이 아닌 근본적인 예방과 치유의 길을 찾을 수 있을 것입니다.

1 브레이크 없는 자동차 : 뇌과학으로 본 유아기 중독의 비밀

앞서 우리는 도파민이 중독에 미치는 영향을 살펴보았습니다. 유아기의 뇌는 이 도파민의 질주에 브레이크를 걸기가 거의 불가능한 상태입니다. 이는 아이의 뇌가 미성숙하거나 결함이 있어서가 아니라, 지극히 정상적인 발달 과정의 특징 때문입니다. 유아기의 뇌는 쾌락과 감정을 추구하는 강력한 '엔진(변연계)'을 가졌지만, 충동을 조절하는 '브레이크(전두엽)'는 아직 설치 중인 자동차와 같습니다. 이 정상적인 발달의 불균형이, 아이들을 중독에 구조적으로 취약하게 만드는 첫 번째 비밀입니다.

아이의 뇌를 자동차에 비유해 봅시다.

● **강력한 엔진(감정, 쾌락 추구)**

인간의 감정과 본능, 쾌락을 추구하는 뇌의 영역(변연계)은 태어날 때부터 매우 강력한 엔진처럼 작동합니다. 생존을 위해 엄마를 찾고, 배고픔을 알리고, 즐거움을 느끼는 핵심적인 부분입니다.

● **아직 장착 중인 브레이크(이성, 충동 조절)**

반면 합리적인 판단, 장기적인 계획, 그리고 가장 중요한 충동 조절을 담당하는 전두엽은 뇌의 다른 부분보다 훨씬 천천히 발달합니다. 전두엽의 신경세포들을 잇는 회로는 20대 중반이 되어서야 완전히 연결되고 견고해집니다.

즉, 우리 아이들은 최고급 슈퍼카 엔진을 달았지만 브레이크는 아직 설치 중인 자동차와 같습니다. 그래서 눈앞의 달콤한 사탕(물질)이나 재미있는 영상(행위)이라는 가속 페달을 발견하면, 이것이 결국 위험한 길로 이어진다는 것을 알면서도 질주를 멈추기가 지극히 어려운 것입니다. 우리 어른의 역할은 아이가 스스로 브레이크를 밟는 법을 배울 때까지 함께 속도를 조절해 주고 안전한 길로 안내하는 현명한 동승자가 되어주는 것입니다.

2 어른들은 아이의 거울 : 성장 환경과 정서적 허기

아이의 뇌가 중독에 취약한 생물학적 조건을 가지고 있다면 양육 환경은 그 취약점을 파고드는 결정적인 기폭제가 될 수 있습니다. 이 장은 결코 우리 어른들을 비난하기 위함이 아닙니다. 다만, 아이에게 가장 큰 영향을 미치는 '거울'인 우리 자신을 돌아보고, 더 맑고 따뜻한 세상을 비춰주기 위한 성찰의 기회로 삼고자 합니다.

1) '사회적 참조'와 '모델링' : 어른을 보고 세상을 배우는 아이들

아이들은 불확실한 상황에서 어떻게 행동해야 할지, 어른의 표정과 감정을 정답지처럼 들여다보는 '사회적 참조(Social Referencing)'를 합니다. 어른의 긍정적인 믿음이 아이에게 약이 되는 플라시보 효과와, 부정적인 믿음이 독이 되는 노시보 효과는 우리 어른들이 아이의 세상을 구성하는 가장 강력한 설계자임을 보여줍니다.

말이 현실이 되는 순간 : '플라시보'와 '노시보' 효과

아이들은 우리의 표정뿐만 아니라, 우리의 말과 믿음까지 그대로 흡수하여 자신의 현실로 만듭니다. 의학에는 '플라시보 효과(Placebo Effect)'와 그 반대인 '노시보 효과(Nocebo Effect)'라는 용어가 있습니다.

● 플라시보 효과(Placebo Effect)

위약(가짜약) 효과라고도 하는 플라시보 효과는 긍정적으로 생각하면 실제로도 긍정적인 현상이 나타나는 가설입니다. 아이가 무릎을 살짝 찧었을 때, 어른이 호들갑 떨지 않고 "괜찮아, 씩씩하네!" 하면서 상처밴드를 붙여주며 웃어주면, 아이는 정말로 통증을 덜 느끼고 금방 잊어버립니다. 어른의 긍정적인 믿음과 말이 아이에게 진짜 '약'으로 작용한 것입니다.

● 노시보 효과(Nocebo Effect)

반대로 어른이 "어떡해! 피 나네! 큰일 났다!"라고 소리치면, 아이는 별것 아닌 상처에도 더 큰 고통과 공포를 느낍니다. 어른의 부정적인 믿음과 말, 행동이 아이에게 '독'으로 작용한 것입니다.

이처럼 우리 어른들의 말 한마디, 표정과 행동은 아이의 세상을 천국으로도, 지옥으로도 만들 수 있는 가장 강력한 처방전입니다. 우리가 무심코 건네는 스트레스에 대한 반응, 음식에 대한 평가, 세상을 대하는 자세(세상에 대한 불안감)가 아이들에게 그대로 전달됩니다. 우리나라 속담에 '아이 앞에서는 찬물도 못 마신다'는 말이 있습니다. 이는 단순히 아이가 어른의 행동을 따라 할까 봐 조심하라는 뜻을 넘어 우리의 사소한 표정과 말 한마디가 아이의 세계를 구성하는 중요한 재료가 된다는 깊은 통찰을 담고 있습니다.

결국, 우리 어른들이 무심코 보여주는 세상에 대한 태도(스트레스에 대한 반응, 음식에 대한 평가, 낯선 것에 대한 불안감)가 아이에게는 그대로 '세상을 살아가는 설명서'가 되는 것입니다. 아이들의 거울인 우리 어른의 책임이 그만큼 무겁고 중요하다는 의미입니다.

노시보 효과(Nocebo Effect)에 관한 재미있는 에피소드 하나

1950년 한 리스본에서 영국으로 포도주를 운반하는 운반선에서 일어난 사건입니다. 영국의 한 항구에서 포도주를 모두 내리고 리스본으로 돌아가던 길이었어요. 마지막으로 선박 내부를 점검하며 돌아오고 있었습니다. 그런데 그가 거대한 냉동 화물칸(냉동창고)에 들어서는 순간, 밖에서 동료가 실수로 화물칸의 육중한 문을 닫고 잠가버려 한 선원이 냉동창고에 갇히는 사건이 발생했고 그 선원은 그 안에서 얼어 죽었어요.

그 선원이 얼어 죽으면서 냉동실 벽에다 뾰족한 쇳조각으로 글을 새겨 놓았는데 처음에는 코와 손가락, 발가락을 얼게 했다고 적고, '시간이 가면서 어는 부위가 넓어진다'라고 기록했어요. 그리고

시간이 흐르면서 '이제는 추위도 느껴지지 않는다' 하고는 죽었어요.

다음 날 아침, 동료들이 냉동창고 문을 열었을 때, 선원은 이미 싸늘한 시신으로 발견되었습니다. 모두 그가 냉동창고의 추위 때문에 얼어 죽었다고 생각했습니다.

그런데 놀라운 사실은, 그 와인 창고에는 더 이상 와인이 없어서 스위치를 꺼논 상태라 그 안의 온도는 18도였어요. 사람이 얼어 죽을 수 있는 온도가 전혀 아니었습니다. 그런데 그 선원은 동사자들에게서 나타나는 증상을 모두 보이며 사망을 했습니다. 그를 죽음으로 몰고 간 것은 냉동창고의 추위가 아니었습니다. 바로 "나는 냉동창고에 갇혔으니, 반드시 얼어 죽을 것이다"라는 강력하고 부정적인 믿음, 즉 노시보 효과였습니다.

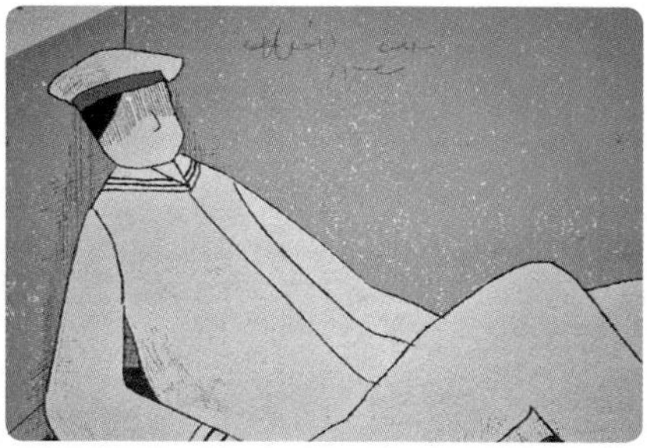

이 믿음은 그의 뇌에 실제와 같은 신체 반응(체온 저하, 신체 마비)을 일으켰고, 결국 그를 죽음에 이르게 한 것입니다. 이 이야기는 인간의 정신이 신체에 얼마나 절대적인 영향을 미치는지를 보여주는 가장 비극적인 사례 중 하나로 꼽힙니다.

하물며 아직 세상에 대한 자신의 기준이 없는 아이들은, 자신을 둘러싼 세상이 안전한지 위험한지를 판단할 때 전적으로 우리 어른들의 믿음과 태도를 그대로 복제한다는 것을 기억해야 합니다.

사진 | tvn '서초동' 화면 캡쳐

3 중독 권하는 사회 : 우리 어른들의 책임

문제의 원인을 한 가정에만 돌릴 수는 없습니다. 우리 사회는 아이들에게 끊임없이 중독을 권하고 있기 때문입니다. 결핍을 파는 상업주의, 사라진 놀이터, 과도한 학습 경쟁은 아이들에게서 건강한 즐거움을 빼앗고, 쉽고 빠른 쾌락으로 내몰고 있습니다.

1) 결핍을 파는 상업주의 : '소비'를 가르치는 세상

현대 자본주의 사회에서 아이들은 보호받아야 할 존재이기 이전에 '미래의 소비자'로 먼저 인식되곤 합니다. 기업들은 아이들의 순수한 욕망과 미숙한 판단력을 이용하여 끊임없이 소비를 부추깁니다.

● 마트 계산대 앞의 유혹

마트 계산대 앞, 아이들의 눈높이에 맞춰 진열된 화려한 색깔의 젤리와 사탕은 우연이 아닙니다. 그것은 부모에게 떼를 쓰는 아이의 힘(Pester Power)을 이용하려는 정교한 마케팅 전략입니다.

● 광고와 콘텐츠의 경계 허물기

아이들이 좋아하는 유튜브 채널에서는 아이들이 가장 신뢰하는 유튜버가 장난감을 가지고 노는 콘텐츠와 그 장난감을 판매하려는 '광고'의 경계가 완전히 허물어져 있습니다. 아이는 광고를 광고로 인식하지 못한 채, 자연스럽게 해당 상품에 대한 강렬한 소유욕을 느끼게 됩니다. 이는 아이의 '보호받을 권리'를 침해하는 명백한 사회적 문제입니다.

아이들이 가장 좋아하는 유튜브 채널 | 유튜브 헤이지니, 보람튜브[3] 화면 캡쳐

우리나라 유튜브 광고 수익 1, 2위를 다투던 채널들이 장난감 리뷰나 키즈 브이로그였다(한국경제신문, 2019)는 사실은 오늘날 아이들의 놀이가 어떻게 상업주의에 잠식되었는지를 상징적으로 보여줍니다. 물론 아이들에게 즐거움을 주는 이 채널들의 성공 자체를 비난하고 싶은 생각은 전혀 없습니다. 우리는 그 이면에 있는 키즈 콘텐츠의 본질적인 문제에 주목해야 합니다. 콘텐츠와 광고 사이에서 벌이는 아슬아슬한 줄타기는 아이의 순수한 동경심을 교묘하게 소비 욕구로 전환시킨다는 논쟁을 피하기 어렵습니다. 아이들에게 이는 더 이상 놀이가 아닌, 끝나지 않는 '신상품 카탈로그'가 되는 셈입니다.

2) 사라진 놀이터, 갇혀버린 아이들

마음껏 뛰어놀 안전한 골목과 놀이터는 점점 사라지고 아이들을 대상으로 한 흉흉한 소식에 우리 어른들은 아이들을 집 안으로 들

---

3 미국의 유튜브 분석 사이트인 소셜레이드에 따르면 한국의 유튜브 채널 중 광고 수익 1위와 2위는 보이튜브 토이 리뷰와 보람튜브 브이로그였습니다(한경닷컴, 2019. 07. 23).

일 수밖에 없습니다. 한정된 실내 공간에서 아이의 넘치는 에너지를 감당하기 가장 쉬운 방법은 안타깝게도 TV나 스마트폰이 되곤 합니다. 이는 개별 부모의 선택 이전에 아이들이 마음껏 뛰어놀 물리적·사회적 공간이 부족한 우리 사회의 구조적인 문제입니다.

과거와 현재 비교 | https://www.youtube.com/shorts/kmMGATmHDz4 화면 캡쳐

3) 과도한 학습 경쟁 : '놀이'를 빼앗긴 아이들

"우리 아이만 뒤처지면 어떡하지?"라는 사회 전반의 불안감은 아이들을 어린 나이부터 각종 학습 활동에 내몰고 있습니다. 자유롭게 뛰어놀며 스트레스를 해소하고 자기조절능력을 길러야 할 시간에 아이들은 책상에 앉아 있기를 강요받습니다. 이러한 과도한 학업 스트레스는 아이들이 더 쉽고 빠른 쾌락(스마트폰, 단 음식 등)을 통해 위로받으려는 강력한 동기가 됩니다. 또한 과도한 사교육은 놀이와 휴식 시간을 감소시켜 오히려 아동의 전인적 성장에 부정적인 영향을 미칠 수 있습니다(한국교육신문, 2025).

이처럼 우리 사회는 한편으로는 아이들에게 끊임없이 자극적인 쾌락을 소비하라고 유혹하고, 다른 한편으로는 아이들이 건강한 방법으로 에너지를 발산하고 스트레스를 해소할 시간과 공간을 빼앗고 있습니다. 이 거대한 구조 속에서 아이들을 지키기 위한 우리 어른들의 책임은 더욱 막중해질 수밖에 없습니다.

4 '심심해!'를 견디지 못하는 아이들 : 놀이 능력의 상실

"엄마, 심심해!" 이 말을 들으면 우리 어른들은 즉시 무언가 해결책을 제시해야 한다는 압박감을 느낍니다. 하지만 '심심함'은 결코 해결해야 할 문제가 아니라 아이의 창의력과 내면의 힘이 싹트는 가장 비옥한 토양입니다. 아무것도 하지 않는 텅 빈 시간 속에서 아이는 비로소 주변을 탐색하고, 새로운 놀이를 상상하며, 스스로에게 집중하는 법을 배웁니다. 이것이 바로 '놀이 능력', 즉 스스로를 즐겁게 할 줄 아는 힘입니다.

하지만 심심할 틈을 주지 않고 계속해서 외부 자극(장난감, 미디어, 학원)을 제공하면, 아이는 이 소중한 놀이 능력을 잃어버립니다. 스스로 즐거움을 만들어내는 내면의 힘이 없는 아이는, 당연하게도 외부에서 주어지는 즉각적인 쾌락에 더 쉽게 의존하게 됩니다. 놀이 능력이 뛰어난 아이는 중독에 대한 가장 강력한 '예방 백신'을 접종한 것과 같습니다.

이처럼 유아기 중독의 뿌리는 아이의 뇌, 가정, 사회, 그리고 놀이의 상실이라는 다양한 땅속에 복잡하게 얽혀 있습니다.

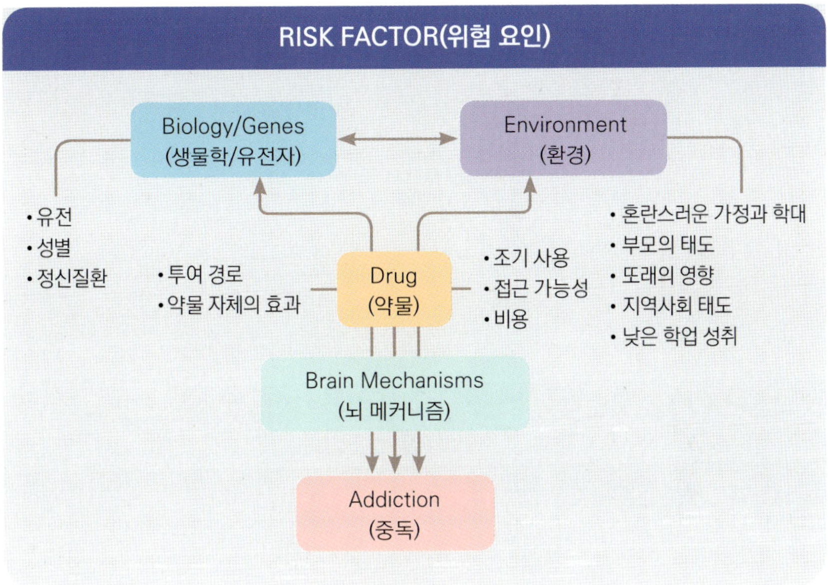

중독의 위험 요인 | 미국립약물남용연구소(NIDA : https://www.drugsandalcohol.ie)

2부

중독의 종류 : 물질에 빠지는가, 행위에 빠지는가?

1부에서 우리는 중독이 무엇이며(What), 왜 우리가 그 덫에 빠지게 되는지(Why)에 대한 근본적인 원인을 살펴보았습니다. 그렇다면 이제 우리 아이들을 위협하는 중독의 대상, 즉 '무엇에(To What)' 중독되는지에 대해 구체적으로 알아볼 차례입니다. 우리 아이들의 일상에 가장 깊숙이 침투해 있는 이 두 종류의 중독, 그 구체적인 얼굴들을 하나씩 마주해 보겠습니다.

중독은 크게 뇌에 직접적인 영향을 미치는 특정 물질에 의존하는 '물질 중독'과 특정 행위를 통해 얻는 쾌감이나 보상에 의존하는 '행위 중독'으로 나눌 수 있습니다(김지연, 2024). 두 가지 모두 뇌의 보상회로를 자극하고 도파민 시스템을 교란한다는 공통점을 가집니다.

중독의 과정 | 한국생명존중 희망 재단(https://www.kfsp.or.kr)

1장

물질 중독
: 몸과 마음에 스며드는 것들

물질 중독(Substance Addiction)은 외부의 화학물질이 우리 몸 안으로 들어와 뇌의 신경계를 직접 교란하고, 강력한 쾌락이나 안정감을 인위적으로 만들어내는 상태를 말합니다. 이 물질들은 뇌에 직접 작용하여 강제적으로 도파민을 분비시키거나 신경계를 교란시켜 강력한 쾌감이나 안정감을 느끼게 하며(국립정신건강센터 국가정신건강정보포털, 2020), 내성과 금단과 같은 생리적·심리적 변화를 동반합니다. 미국립약물남용연구소(NIDA, 2007)는 중독을 부정적 결과에도 불구하고 강박적으로 약물을 찾아 사용하는 만성 재발성 뇌 질환으로 규정하고 있습니다. 이 화학적 작용은 너무나 강력해서, 뇌는 스스로 도파민을 조절하는 능력을 점차 잃어버리고 오직 그 물질에만 의존하게 됩니다.

● **약물 및 화학물질**

마약, 니코틴(담배), 알코올(술), 카페인(커피, 에너지 드링크), 그리고 해피벌룬이라고 불리는 향정신성 물질인 아산화질소 등이 대표적입니다. 성인에게 해당하는 경우가 많지만, 부모의 흡연이나 음주는 아이에게 간접적인 영향을 미칠 뿐만 아니라, 아이가 성장하며 해당 물질에 대해 갖는 태도에도 큰 영향을 줍니다.

● **음식(특히 설탕 및 가공식품)**

영유아기 아이들에게 가장 흔하고 강력하게 작용하는 물질 중독입니다. 설탕, 정제 탄수화물, 각종 식품첨가물 등은 뇌의 보상회로를 약물과 유사한 방식으로 자극합니다. 아이가 특정 과자나 음료수, 패스트푸드를 찾으며 그것이 없으면 심하게 떼를 쓰는 행동은 단순한 편식이 아닌, 초기 물질 중독의 신호일 수 있습니다.

1 마약 중독 : 가장 강력하고 위험한 해적

1) 마약 : 가정의 안전을 파괴하는 그림자

마약은 아주 적은 양으로도 강력한 진통작용과 마취작용을 일으키며, 계속 사용하면 습관성과 탐닉성이 생기게 되는 물질입니다(의학용어사전, n.d). 마약류는 마약[오피오이드(opioid), 양귀비, 헤로인, 모르핀, 코카잎 등], 향정신성의약품(암페타민, 케다민, 바르비탈 등), 대마(대마초와 그 수지, 칸나비놀 등) 세 가지로 분류됩니다(식품의약품안전처, 2020). 마약류에 해당하더라도 합법적으로 처방을 받으면 문제가 되지 않습니다. 예를 들어, 아이들의 기침약으로 가장 많이 처방되는 '코데날시럽'이나 향정신성의약품인 '졸피뎀'은 마약류 성분이지만 처방받아서 사용할 수 있습니다. 그러나 합법적이지 않은 방법으로 사용하는 것은 위험합니다. 마약은 뇌의 보상회로를 가장 빠르고 폭력적으로 납치하는 가장 위험한 해적입니다. 필로폰, 코카인, 헤로인과 같은 마약류는 뇌가 자연적으로 분비하는 수준과는 비교도 할 수 없을 만큼 엄청난 양의 도파민을 강제로 분출시킵니다. 이 극단적인 쾌락은 뇌에 영구적인 손상을 남길 수 있으며, 단 한 번의 경험만으로도 강력한 중독으로 이어질 수 있습니다.

마약은 중추신경계에 작용하면서 오용하거나 남용할 경우 인체에 심각한 위해를 끼칩니다. 펜타닐 같은 경우에는 진통효과가 헤로인의 50~100배, 모르핀의 200배, 일반 소염진통제의 1,000배에 이릅니다. 그래서 슈퍼맨이 된 것처럼 느끼기도 하는데, 그 약효가 떨어지면 심각한 금단 증상을 일으킵니다.

"영유아와 마약은 상관없는 이야기 아닌가요?"라고 생각하실 수 있습니다. 물론, 아이들이 직접 마약을 접하는 경우는 극히 드뭅니다. 하지만 우리는 두 가지 중요한 사실을 기억해야 합니다.

첫째, 임산부의 약물 사용은 태아의 뇌 발달에 치명적인 영향을 미칩니다. 태아는 엄마의 탯줄을 통해 마약 성분에 그대로 노출되며, 태어날 때부터 금단 증상을 겪거나 뇌 발달에 심각한 장애를 안고 태어날 수 있습니다. 이는 아이의 생존권과 건강권에 대한 가장 직접적인 침해 행위입니다.

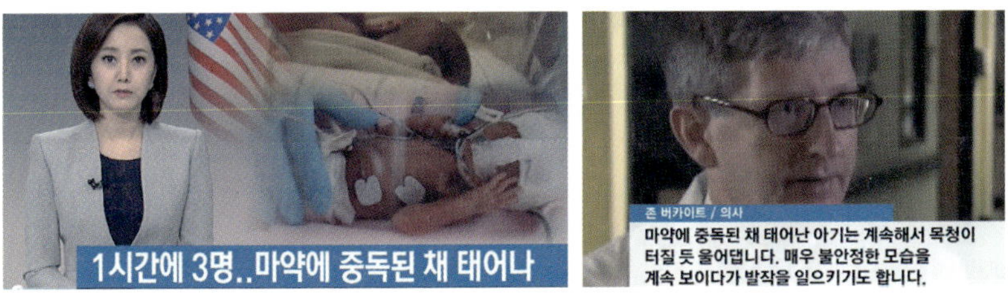

마약중독자로 태어나는 아기들 | SBS 뉴스(2023. 09. 17.) 화면 캡쳐

미국의 경우 마약 중독을 갖고 태어나는 신생아는 한해 2만 7천 명으로, 이는 하루 73명, 한 시간에 3명꼴입니다. 이렇게 태어난 아이는 선천적인 금단 현상 때문에 마약을 줄여가면서 투약하는 치료를 한 달 넘게 받게 되는데 이런 과정을 견뎌야 생존할 수 있습니다. 가장 큰 문제는 임산부들이 헤로인이나 불법 마약을 남용하는 사례가 증가하는 추세에 있다는 것입니다(NIDA[1], 2017).

신생아 금단 증후군(NAS)

- 원인 : 신생아 금단 증후군(NAS)은 자궁에서 약물에 노출된 아기에게서 발생합니다. 임신 중 또는 임신 후반에 약물, 음주, 흡연을 하는 여성이 낳은 아기 중 66%가 신생아 금단 증후군 증상을 가지고 있습니다. 신생아 금단 증후군의 심각성은 임신부가 섭취한 약물의 종류, 복용량, 복용 기간, 아기에게 영향을 미친 기간 등에 따라 달라집니다.
- 증상 : 증상은 일반적으로 출생 후 1일에서 1주일 사이에 시작됩니다.
  - 낮은 출생 체중과 더딘 체중 증가
  - 과도한 울음, 떨림, 발작, 수유 곤란, 수면장애, 극단적인 하품
  - 호흡곤란, 발열, 설사, 탈수
  - 심한 경우 발달 지연과 뇌 손상 위험
- 치료 : 1주에서 6개월까지 지속될 수 있으며, 증상의 존재 여부와 심각도에 따라 다릅니다. 출생 후, 이 아기들은 엄마가 임신 중 복용했던 약과 비슷한 약을 처방받은 다음 조금씩 복용량을 줄여가는 치료를 받게 됩니다.

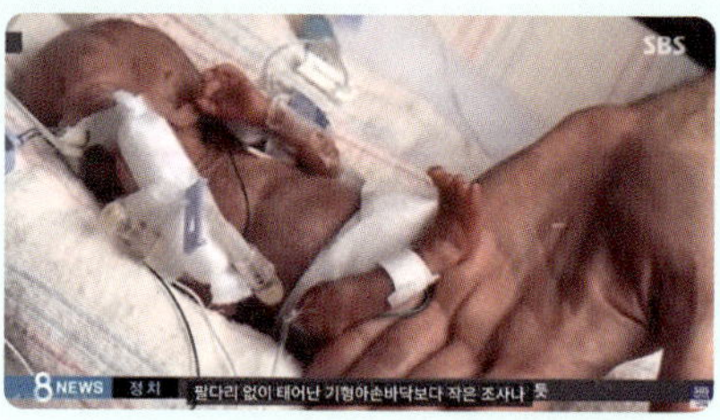

사진 | 태어나자마자 중독…마약은 아기도 할퀴었다, SBS 뉴스 유튜브 채널 화면 캡쳐

1 미국립약물남용연구소(NIDA : National Institute on Drug Abuse)

둘째, 가정 내 약물 문제는 아이의 안전 울타리를 송두리째 무너뜨립니다. 약물에 중독된 부모는 아이에게 일관된 사랑과 보살핌을 제공하기 어렵습니다. 이는 아이에게 극심한 정서적 불안과 방임, 학대의 위험을 초래합니다. 또한 최근 우리 사회에 급속도로 퍼지고 있는 마약 문제는 더 이상 특정 계층의 이야기가 아닙니다. 우리 아이들이 살아갈 세상이 마약의 위험에 더 많이 노출되고 있다는 사실을 우리 어른들은 무겁게 인식해야 합니다.

마약 중독은 단순히 한 개인의 건강을 파괴하는 것을 넘어 한 가정을 송두리째 무너뜨리고 아이의 세상을 어두운 그림자로 뒤덮는 가장 위험한 문제입니다. 영유아가 직접 마약을 하는 경우는 거의 없지만, 아이는 가장 가까운 어른의 중독 문제에 속수무책으로 노출되어 삶의 기반을 위협받게 됩니다.

● 왜곡된 세상 교과서 : 불안과 혼돈의 일상

아이에게 세상은 '예측 가능한' 곳일 때 가장 안전합니다. 하지만 마약에 중독된 양육자가 있는 환경에서 예측 가능성은 가장 먼저 파괴됩니다. 어른의 감정은 극단을 오가고, 돌봄은 일관성을 잃습니다. 아이는 언제 사랑받고 언제 방치될지 알 수 없는 극심한 혼돈 속에서 세상을 배웁니다. 그 결과 아이의 마음속에는 세상은 믿을 수 없고, 사람은 의지할 수 없으며, 관계는 고통스럽다는 끔찍하고 왜곡된 교과서가 쓰이게 됩니다.

● 빼앗긴 뇌 : 태아기부터 시작되는 위험

가장 직접적인 위험은 태아기 때부터 시작됩니다. 임산부가 마약을 투약할 경우 마약 성분은 탯줄을 통해 태아의 뇌에 그대로 전달됩니다. 이는 이제 막 형성되는 뇌세포와 신경회로에 치명적인 손상을 입힐 수 있습니다. 아이는 태어날 때부터 고통스러운 금단 증상을 겪을 수 있으며, 이후에도 발달 지연, 학습장애, 주의력결핍에 노출될 확률이 높습니다. 그리고 훗날 스스로도 중독에 빠질 가능성이 훨씬 높은 불공평한 출발선에 놓이게 됩니다. 이는 아이의 '건강하게 태어나 발달할 권리'를 원천적으로 박탈하는 행위입니다.

● 방치된 마음 : 정서적 학대와 안전의 붕괴

중독된 어른의 최우선순위는 아이가 아닌 마약이 됩니다. 아이가 보내는 무수한 신호들(배고픔의 울음, 위로를 바라는 눈빛, 함께 놀고 싶어 하는 손짓)은 무시되기 일쑤입니다. 이러한 '정서적 방임'은 아이의 마음에 칼로 상처를 내는 것과 같은 명백한 학대입니다. 아이 내면의 '정서적 안전 울타리'는 완전히 붕괴되고, 아이는 만성적인 불안과 슬픔, 누구에게도 보호받지 못한다는 깊은 공포 속에서 성장하게 됩니다. 이는 아이의 모든 형태의 학대와 방임으로부터 '보호받을 권리'를 정면으로 위배하는 것입니다.

따라서 우리 사회의 모든 어른들은 마약 문제가 더 이상 남의 일이 아님을 직시해야 합니다. 아이가 보내는 작은 위험신호라도 있다면, 그것을 발견하고 아이의 편에 서서 손을 내밀어 주는 것이 우리 모두의 책무입니다.

마약류 위험신호 체크리스트

- ☐ 처방전 없이 약/ 캡슐/ 가루를 소지하거나 숨기려는 행동
- ☐ 이유 없는 졸림, 극심한 기분 변화
- ☐ 금전 사용처 불분명
- ☐ 약품 냄새, 피부 바늘 자국
- ☐ 갑작스런 우울·공황·환각 증상

세상에 이런 일이~!

- **로더넘(Laudanum) | 아편 팅크제**(tincture of opium)
  - 역사 : 16세기, 의사 파라셀수스(Paracelsus)에 의해 개발되어 17세기부터 19세기까지 서양에서 널리 사용되었던 강력한 진통·진정제
  - 성분 : 모르핀·코데인 등 아편 알칼로이드 + 고농도 알코올(주로 10% 이상)
  - 용도 : 통증 완화(두통, 치통, 수술 후 통증), 기침 억제, 설사 치료 불면증, 불안 완화 → 19세기 '만병통치약'처럼 가정 상비약으로 사용/ 여성과 아이들에게도 흔히 처방됨
  - 광고 문구 특징 : 일반 의약품처럼 판매되었고, 어린이와 성인 모두에게 사용 가능하다고 홍보

Laudanum 신문 광고

  - 문제점
    - 강력한 중독성 : 장기간 사용 시 의존성·중독 발생
    - 과다복용 위험 : 호흡억제, 혼수, 사망 가능
    - 다수의 아동·영아 사망 사례

● **윈슬로 부인의 진정 시럽(Mrs. Winslow's Soothing Syrup)**

- 출시 : 1849년경, 미국 메인주 (Maine)
- 성분 : 65mg/oz 이상의 모르핀 (아편 성분) + 알코올 + 향료
- 문제점 : 아편 성분이 강력한 진통·진정작용을 했지만, 중독성·호흡억제·사망 위험이 높았음
- 결과 : 1911년 미국 'American Medical Association(AMA)'에서 위험성 경고, 1930년대 이후 판매 금지
- 광고 문구 특징 : 'Oldest and safest remedy for children(가장 오래되고 안전한 아동 치료제)'이라고 표기 → 허위·과장 광고
- 깨어있는 아이와 평온히 잠든 아이의 이미지 대비
  → '먹이면 아이가 울지 않고 잘 잔다'는 메시지를 전달
- 당시 부모의 양육 부담을 덜어주는 '기적의 약'처럼 포장했지만 사실상 아편 의존성을 유발하는 위험 약물

Mrs. Winslow's Soothing Syrup
광고 포스터

이 광고들은 오늘날의 기준으로 보면 아동과 성인을 대상으로 한 위험한 마약성 약물의 무분별한 상업화 사례입니다.

사진 | 한국마약퇴치운동본부 이미지 자료, 해연갤(https://hygall.com)

2) 치료를 위한 잠인가, 중독을 향한 도피인가 : 프로포폴의 두 얼굴

우리에게 '우유 주사'라는 이름으로 더 알려진 프로포폴은 사실 병원에서 안전하게 사용되는 전문의약품입니다. 수술이나 내시경 검사를 할 때 환자를 잠시 깊은 잠에 들게 하는 정맥 마취제로서, 효과가 빠르고 마취에서 깨어날 때의 회복이 비교적 깔끔해 의료 현장에서 매우 유용하게 쓰입니다.

● 쉬운 잠의 유혹

문제는 프로포폴이 주는 '잠'의 성격에 있습니다. 프로포폴이 유도하는 잠은 강제로 'OFF'시키는 상태입니다. 극심한 스트레스나 불면증, 불안감에 시달리는 사람들에게 이 '강제 종료' 버튼은 고통스러운 현실을 잠시나마 완벽하게 잊게 해주는 너무나도 달콤한 유혹이 됩니다. 다른 마약처럼 환각이나 흥분을 느끼는 것이 아니라 괴로움이 없는 상태를 제공하기에 위험성을 인지하지 못한 채 의존하게 되는 경우가 많습니다.

● 죽음에 이르는 잠

프로포폴이 치명적으로 위험한 이유는 뇌의 활동을 멈추게 할 때 호흡을 관장하는 중추신경까지 함께 마비시키기 때문입니다. 병원에서는 마취과 의사가 환자의 호흡과 심박수를 실시간으로 감시하며 아주 정밀하게 약물을 투여하지만, 비의료적인 환경에서 오남용할 경우 사용자는 자신도 모르는 사이에 숨이 멎어 사망에 이르게 됩니다. '잠깐만 자고 일어나야지'라는 생각이 영원한 잠으로 이어질 수 있는 것입니다.

● 마이클 잭슨의 비극이 우리에게 주는 교훈

'팝의 황제' 마이클 잭슨은 프로포폴 오남용으로 사망한 가장 비극적이고 유명한 사례입니다. 전 세계적인 스타로서 겪어야 했던 엄청난 압박감과 만성적인 불면증을 이기기 위해 그는 '쉬운 잠'을 선택했지만 의료적 감시가 없는 불법적인 투약은 결국 그의 생명을 앗아갔습니다. 이는 아무리 큰 성공과 부를 가진 사람이라도 중독의 덫 앞에서는 무력할 수 있음을 보여주는 강력한 경고입니다.

마이클 잭슨

우리 사회 역시 일부 연예인이나 유흥업소 등을 중심으로 프로포폴 오남용 문제가 꾸준히 발생하고 있으며, 이로 인해 정부에서는 프로포폴을 마약류(향정신성의약품)로 지정하여 엄격하게 관리하고 있습니다.

우리 어른들은 이 사례를 통해 중요한 교훈을 얻어야 합니다. 근본적인 문제(스트레스, 불안, 불면)를 해결하려는 노력 대신, 약물 등을 통해 고통을 회피하려는 '손쉬운 도피'가 얼마나 파괴적인 결과를 낳는지를 말입니다. 이는 비단 프로포폴만의 이야기가 아닙니다. 아이의 울음을 그치게 하기 위해 스마트폰을 쥐어주고, 아이의 짜증을 잠재우기 위해 사탕을 입에 물리는 우리의 작은 행동들 또한 근본적인 감정 해결을 '즉각적인 쾌락'으로 덮어버리려는 작은 도피일 수 있음을 성찰해야 합니다.

3) 뇌를 태워버리는 각성제 : 필로폰(메스암페타민)

필로폰은 '히로뽕'이라는 이름으로 더 알려진 강력한 중추신경 흥분제입니다. 이 약물은 뇌가 도파민을 분비하도록 유도하는 수준을 넘어, 도파민을 담고 있는 신경세포 자체를 짜내어 저장된 도파민을 강제로 폭발시킵니다. 이 인위적인 폭발은 사용자에게 극심한 쾌감과 함께 엄청난 에너지, 자신감을 느끼게 합니다. 하지만 억지로 쥐어짠 레몬이 말라비틀어지듯 도파민이 고갈된 뇌는 극심한 피로감과 우울감, 공허함에 시달리게 됩니다. 사용자는 이 끔찍한 추락을 벗어나기 위해 다시 필로폰을 찾게 되며, 이 과정에서 뇌신경은 서서히 파괴됩니다.

● 치명적 위험성

필로폰 투약이 반복되면 뇌 기능이 영구적으로 손상될 수 있습니다. 망상, 환청, 환각에 시달리게 되며, 특히 몸에 벌레가 기어가는 듯한 환촉(메스 버그, meth bug[2])으로 인해 온몸을 긁어 심각한 상처를 내기도 합니다. 감정 조절이 불가능해져 사소한 일에도 극심한 폭력성을 보일 수 있으며, 심장마비나 뇌졸중으로 인한 급사 위험도 매우 높습니다.

필로폰은 대한민국에서 가장 오랜 기간, 가장 심각하게 오남용되어 온 마약입니다. 단 한 번의 호기심이 뇌와 인생을 모두 태워버리는 돌이킬 수 없는 결과를 낳는다는 것을 반드시 기억해야 합니다.

---

2 환각 상태에서 피부 밑에 벌레가 기어다니거나 움직이는 듯한 착각을 느끼는 증상(formication)을 뜻하는 속어입니다.

4) 죽음을 부르는 진통제 : 펜타닐

필로폰이 뇌를 서서히 태우는 불이라면, 펜타닐은 단 한 번에 생명의 스위치를 꺼버릴 수 있는 '죽음의 재'와 같습니다. 펜타닐은 본래 말기 암 환자의 극심한 고통을 줄여주기 위해 개발된 아주 강력한 마약성 진통제입니다.

● 치명적 위험성

펜타닐이 가장 무서운 이유는 상상을 초월하는 효능에 있습니다. 진통효과가 모르핀의 100배, 헤로인의 50배에 달해 의사의 정밀한 처방과 관리 없이는 절대 사용해서는 안 됩니다. 소금 몇 알갱이 정도의 아주 적은 양(2mg)만으로도 성인의 호흡을 멈추게 해 사망에 이르게 할 수 있습니다. 사용자는 쾌감을 느끼기도 전에 호흡중추가 마비되어 자신도 모르는 사이에 사망하게 되는 경우가 대부분입니다. 최근 아프리카의 최빈민국 중 하나인 시에라리온은 60%가 넘는 청년실업률과 불안정한 경제는 이 나라를 '쿠시' 중독으로 물들이고 있습니다(KBS 세계는지금, 2025. 07. 05). 쿠시는 펜타닐의 25배의 효과가 있다고 전해지면서 소위 '좀비 마약'으로 불리고 있습니다.

캐나다의 경우 2023년 기준 마약성 진통제로 인한 사망자 숫자가 총기·교통사고·살인보다 훨씬 많습니다. 워싱턴 포스트(The Washington Post)지에서 발표한 18~49세 사망원인 1위가 펜타닐일 정도로 심각합니다.

● 청소년층으로의 확산

더욱 심각한 문제는 펜타닐이 10대 청소년들 사이에서 공부 잘하는 약, 집중력 높이는 패치 등으로 잘못 알려지며 급속도로 퍼지고 있다는 점입니다. 호기심에 붙인 펜타닐 패치 한 장이 아이의 생명을 앗아갈 수 있는 끔찍한 비극이 우리 주변에서 실제로 일어나고 있습니다. 이는 아이의 '생명권과 보호받을 권리'를 위협하는 현존하는 가장 큰 위협 중 하나입니다.

이처럼 필로폰과 펜타닐은 단순한 중독물질을 넘어, 개인과 가정을 파괴하고 사회 전체를 병들게 하는 치명적인 독입니다. 이 외에도 펜타닐에 동물용 마취제 자일라진(xylazine)을 섞어 만든 약물도 무섭게 확산하고 있습니다(MBN, 2023). 우리 어른들은 이러한 약물들이 더 이상 영화 속 이야기가 아닌, 우리 아이들이 살아가는 세상의 바로 옆에 존재하는 현실적인 위협임을 직시해야 합니다. 마약 문제는 아이가 건강하게 태어나고 안전한 환경에서 자랄 '생존권'과 잠재력을 온전히 펼치며 성장할 '발달권'을 원천적으로 파괴하는 가장 폭력적인 권리 침해 행위입니다. 우리 대한민국이 마약 청정국이라는 말은 이제 옛말이 되었습니다. 아이들에게 '절대 안 된다'는 단호한 교육과 함께, 아이들이 애초에 이런 위험한 유혹에 눈길조차 주지 않도록 건강한 '안전 울타리'를 만들어주는 것이 그 무엇보다 중요합니다.

5) '마약 떡볶이', 그 위험한 이름

원래 '마약'이라는 단어는 앞에서도 설명했듯이 강력한 중독성,

불법, 건강과 삶의 파괴라는 무겁고 위험한 의미를 담고 있습니다. 이 단어를 들었을 때 즉각적인 경각심과 거부감을 느끼는 것이 사회적 안전을 위해 필수적입니다.

하지만 이 단어가 '참을 수 없을 만큼 맛있다', '환상적'이라는 의미의 마케팅 용어로 남용되고 있습니다. 즉, 한번 경험하고 나면 절대로 떼어낼 수 없는 것들을 통칭할 때 종종 사용됩니다. 이렇게 생활 속에서 사용되는 단어는 본래의 무게감과 위험성이 심각하게 희석됩니다. 긍정적이고 일상적인 경험(맛있는 음식을 먹는 것)에 '마약'이라는 단어가 반복적으로 결합되면, 사람들은 점차 이 단어에 둔감해집니다. 이는 실제 마약의 위험성에 대한 사회 전반의 경각심을 무디게 만드는 위험한 결과를 초래합니다.

이 문제의 가장 큰 피해자는 바로 아이들입니다. 아직 가치관과 언어 개념이 형성되는 시기의 아이들에게 이러한 표현은 매우 혼란스럽고 부정적인 영향을 미칩니다.

● 긍정적 이미지 형성

아이들은 '마약'이라는 단어를 맛있고, 즐겁고, 인기 있는 것과 연결하여 학습하게 됩니다. 이는 실제 마약에 대한 비판적 사고나 경계심 없이, 긍정적이거나 중립적인 이미지를 갖게 할 위험이 큽니다.

● 심리적 경계심 붕괴

"마약김밥은 맛있는데, 진짜 마약은 얼마나 재미있을까?"와 같은 위험한 호기심의 씨앗을 심을 수 있습니다. 마약이라는 단어에 대한 거부감이 줄어들면, 훗날 실제 마약의 유혹에 노출되었을 때 그 문턱을 넘기 훨씬 쉬워집니다. 이는 아이의 '유해한 환경과 물질로부터 보호받을 권리'를 침해하는 사회적 환경을 우리 어른들이 직접 조성하는 것과 같습니다. 실제 마약의 위협이 우리 삶 가까이에 다가온 상황에서 음식 이름에 '마약'을 붙이며 장난처럼 소비하는 것은 현실을 외면하는 매우 무책임한 행동입니다.

이러한 문제의 심각성 때문에 식품의약품안전처를 비롯한 정부 기관에서는 식품 등에 마약이라는 표현을 사용하지 않도록 강력히 권고하고 있으며, 시민 단체들도 언어 순화 캠페인을 벌이고 있습니다. 우리 어른들은 이제부터라도 마약이라는 단어의 사용을 멈추고 긍정적이고 창의적인 다른 표현으로 대체하려는 노력을 함께해야 합니다.

마약예방 법교육 자료 | 이로운법
(www.lawnorder.go.kr)

아이들을 둘러싼 언어 환경은 그들의 생각을 형성하는 중요한 '안전 울타리'입니다. 위험을 희화화하는 언어 습관을 버리고 단어의 무게를 되찾아주는 것, 그것이 우리 아이들을 중독의 위험으로부터 지키는 작지만 매우 중요한 실천입니다.

6) 해결책 : '절대적 안전망' 구축하기

마약 중독과 관련된 문제에 접근할 때 가장 중요한 원칙은 '아이의 안전 최우선'입니다. 매우 민감한 문제이기에, 감정적인 대응보다는 신중하고 책임감 있는 접근이 필요합니다.

예방 | 솔직한 대화의 씨앗 심기

영유아에게 마약에 대해 직접적으로 교육할 수는 없습니다. 하지만 '우리 몸을 아프게 하는 것과 건강하게 하는 것'에 대한 대화는 일찍부터 시작할 수 있습니다. 감기에 걸렸을 때 먹는 '의사의 약'과 우리 몸을 해치는 '나쁜 약'이 있다는 것을 아이의 수준에 맞춰 이야기해 줄 수 있습니다. "의사 선생님이나 엄마 아빠가 주는 것 외에 다른 사람이 주는 것은 함부로 먹으면 안 돼"라는 안전교육은 가장 기본적인 예방의 씨앗입니다.

● 관찰 : 아이의 입장에서 위험신호 감지하기

만약 주변의 어떤 아이가 걱정된다면 어른을 섣불리 판단하기보다 아이의 상태를 주의 깊게 관찰해야 합니다.

● 신체적 신호

뚜렷한 이유 없이 발달이 매우 늦거나, 항상 배고파하고, 위생 상태가 심각하게 좋지 않은가?

● 정서적 신호

극심한 불안증세를 보이거나, 나이에 맞지 않게 과도하게 어른스럽거나, 반대로 감정 표현이 전혀 없는가?

● 행동적 신호

폭력적이거나 충동적인 행동이 잦고, 어른을 극도로 경계하거나 혹은 무분별하게 따르는가?

이러한 신호들이 복합적으로 보인다면, 아이가 위험한 환경에 처해있을 수 있다는 중요한 단서가 됩니다.

행동 | 아이를 위한 '어른 동맹'의 역할

위험신호를 감지했다면 가장 중요한 것은 혼자서 해결하려 하지 않는 것입니다. 감정적으로 상대를 비난하거나 직접 개입하는 것은 상황을 악화시키고 아이를 더 큰 위험에 빠뜨릴 수 있습니다.

● 기록하기

아이의 상태를 감정이 배제된 채 날짜와 함께 객관적인 사실 위주로 기록해 둡니다.

● 전문가와 상의하기

어린이집이나 유치원 교사라면 원장님과, 일반인이라면 지역의 아동보호전문기관이나 상담센터와 먼저 상의하여 조언을 구합니다.

● 신고하기

아동학대가 명백하다고 판단될 경우 주저하지 말고 국번 없이 112에 신고해야 합니다. 이는 비난이 아닌, 아이를 구하는 가장 책임감 있는 행동입니다.

아직은 유아를 직접적 대상으로 하는 '마약 예방 프로그램'은 제한적입니다. 그러나 영유아기에서의 조기 개입은 초기 중독 예방을 위해 매우 중요합니다. 미국립약물남용연구소(NIDA) 및 관련 기관에서는 『Principles of Substance Abuse Prevention for Early Childhood』를 통해 조기 아동에게 적용 가능한 예방 원리를 제시하고 있습니다. 핵심 내용은 안정된 가정환경, 정서적·신체적 자극, 양육자·교육자의 지지, 교실 관리 등의 요소가 아동기의 중독위험을 낮출 수 있다는 것입니다(NIDA, 2016).

미국의 Rural Head Start 대상으로 실시하는 'STAR Project'도 있습니다. 이는 농촌지역의 유치원 아동과 가족을 대상으로 한 가정–교육 연계 예방 프로그램으로써, 교실에서는 비구조적 놀이와 사회성 발달을 강조하며, 가정에서는 부모와의 상호작용과 언어적 자극을 강화할 것을 권고하고 있습니다.

'Operation Snowflurry'는 1977년 미국 일리노이주에서 시작된 청소년 중심의 약물중독 예방 프로그램인 'Operation Snowball'의 하위 프로그램으로, 프리스쿨 및 초등 저학년을 대상으로 합니다. 이 프로그램은 술·담배·약물 사용 예방을 위한 연령별 프로그램 시리즈 중 하나이며, 또래가 주도하는 공동체 기반의 마약 예방 활동입니다. 이처럼 중독 예방은 가정–교육기관, 그리고 더 나아가서 사회가 함께 해결해야 할 과제입니다.

Operation Snowball 포스터

② 설탕 중독 : 그 달콤함의 덫

마약이 불법적인 해적이라면, 설탕은 '합법'이라는 가면을 쓰고 우리 아이들의 식탁에 가장 깊숙이 침투해 있는 가장 교활한 해적입니다. 놀랍게도 뇌영상연구에 따르면 설탕은 마약인 코카인과 거의 동일한 뇌의 보상회로를 자극하며, 어떤 연구에서는 그 중독성이 코카인보다 8배나 더 강하다고 보고하기도 합니다. 설탕 중독은 아이의 몸을 병들게 하여 최상의 건강을 누릴 '생존권'을 위협하고, 뇌의 정상적인 기능을 방해하여 학습하고 성장할 '발달권'을 심각하게 저해하는 가장 달콤한 얼굴을 한 권리 침해입니다.

1) 우리 몸의 조용한 비명 : 설탕이 남기는 흔적들

단맛의 즐거움은 찰나이지만 과도한 설탕이 우리 아이의 몸에 남기는 흔적은 길고 깊습니다. 이는 아이가 최상의 건강 수준을 누릴 '건강권'을 위협하는 명백한 신호입니다. 우리는 흔히 설탕을 에너지를 내는 영양소라고 생각하지만, 아이들이 섭취하는 대부분의 설탕은 과일이나 채소의 건강한 당이 아닌 음료수, 과자, 아이스크림에 첨가된 정제당(가공당)입니다. 이 정제당은 영양가는 전혀 없이 오직 강렬한 단맛과 쾌락만을 제공하여 아이의 몸과 마음을 서서히 병들게 합니다.

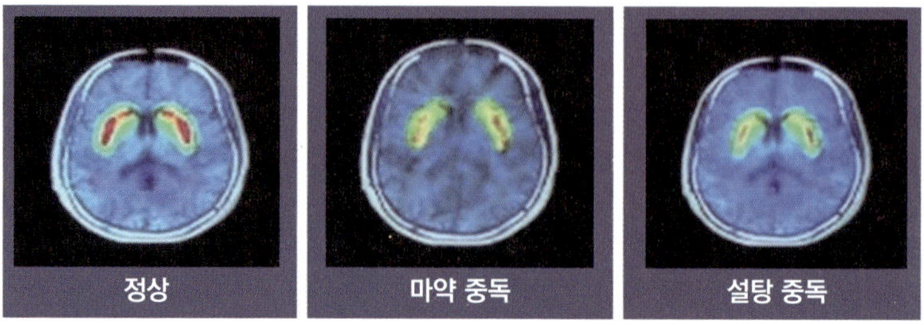

정상인 뇌 vs 마약 중독 뇌 vs 설탕 중독 뇌 MRI 비교[3] | MBC 기분좋은날 (https://enews.imbc.com/M/Detail/264520) 저자 재구성

● 소아비만과 질병의 씨앗

우리 몸은 쓰고 남은 설탕(포도당)을 지방 형태로 저장합니다. 어릴 때부터 과도한 당 섭취에 익숙해진 아이는 지방세포의 수와 크기가 쉽게 늘어나 소아비만으로 이어질 가능성이 큽니다. 이는 단순히 살이 찌는 문제를 넘어 어린 나이에 제2형 당뇨, 고혈압, 지방간과 같은 생활습관 질병의 씨앗을 몸에 심는 것과 같습니다.

● 면역체계의 교란

설탕은 우리 몸의 군대인 면역체계를 교란하는 주범 중 하나입니다. 과도한 당 섭취는 백혈구의 활동을 일시적으로 둔화시켜, 아이가 각종 바이러스나 세균에 더 쉽게 감염되도록 만듭니다. 유독 감기에 자주 걸리거나 잔병치레가 잦은 아이라면 식습관을 먼저 점검해 볼 필요가 있습니다.

---

3 붉거나 노란색으로 표시된 부분은 뇌의 보상회로 활동 수준이나 도파민 수용체 밀도 등을 나타내는 것으로 보입니다. 정상 뇌와 비교했을 때, 설탕중독자의 뇌 영상이 마약중독자의 뇌 영상과 유사한 패턴(붉거나 노란색 영역의 변화)을 보이는 점은 설탕 중독 역시 마약 중독처럼 뇌의 보상 시스템에 영향을 미칠 수 있음을 시사합니다.

● 미각의 둔화와 편식

아이들이 채소를 싫어하는 이유가 단순히 맛이 없어서일까요? 어쩌면 진짜 이유는 채소가 맛없는 것이 아니라, 아이의 혀가 너무 강렬한 단맛에 중독되었기 때문일 수 있습니다. 강한 단맛에 길들여진 미각은 과일의 자연스러운 단맛이나 채소의 섬세한 풍미를 느끼지 못하고 '싱겁다'고 판단해 버립니다. 결국 아이는 점점 더 자극적인 맛만 찾게 되고, 편식이라는 악순환의 고리에 갇히게 됩니다. 신경전달물질의 감소로 더 강한 자극이 필요하게 되는 것입니다.

2) 요동치는 마음 : 설탕과 감정의 롤러코스터

설탕은 몸뿐만 아니라 아이의 마음과 행동까지 뒤흔듭니다. 눈에 보이지 않기에 더 위험한, 설탕이 일으키는 정신적 영향을 살펴보겠습니다.

● 슈거 러시(Sugar Rush) & 슈거 크래시(Sugar Crash)

단 음식을 먹은 아이가 갑자기 극도로 흥분하고 산만해지는 현상을 '슈거 러시'라고 합니다. 급격히 치솟은 혈당 때문입니다. 하지만 기쁨도 잠시 우리 몸은 치솟은 혈당을 잡기 위해 인슐린을 과다분비하고, 이는 곧 혈당이 정상 수치 이하로 뚝 떨어지는 '슈거 크래시'로 이어집니다. 이때 아이는 갑자기 짜증을 내고, 칭얼거리며, 극심한 피로감을 느끼게 됩니다. 이유 없이 보채고 힘들어하는 아이의 감정 기복 뒤에는 이 혈당 롤러코스터가 숨어있을 수 있습니다.

● 집중력 도둑, ADHD와의 거짓 동맹

슈거 크래시 상태의 아이는 집중력이 현저히 떨어지고, 안절부절못하며, 충동적인 모습을 보입니다. 이는 주의력결핍 과잉행동장애(ADHD : Attention Deficit Hyperactivity Disorder)의 증상과 매우 유사해 보입니다. 물론 설탕이 ADHD의 직접적인 원인은 아닙니다. 하지만 과도한 설탕 섭취가 ADHD 성향을 가진 아이의 증상을 악화시키거나, 그렇지 않은 아이마저 산만하게 만들어 '교육받을 권리'와 '잠재력을 발달시킬 권리'를 방해하는 심각한 '집중력 도둑'임은 분명합니다.

3) 설탕세에 대한 모든 것

설탕세(Sugar Tax)는 설탕이 과도하게 함유된 음료나 식품에 부과하는 세금을 말합니다. 주로 탄산음료 등 가당 음료(Sugar–Sweetened Beverages)가 주요 과세 대상이 되기 때문에 '소다세(Soda Tax)'라고도 불립니다. 설탕세의 가장 큰 목적은 국민 건강 증진에 있습니다. 이미 살펴본 바와 같이 과도한 당류 섭취는 비만, 당뇨병, 심혈관 질환 등 만성질환의 주요 원인으로 지목됩니다. 설탕세는 가격 인상을 통해 당류 소비를 줄이도록 유도하고, 확보된 세수를 국민 건강 증진 정책이나 건강 불평등 해소 사업에 사용하여 사회 전체의 의료비 부담을 줄이는 것을 목표로 합니다.

● 세계 각국의 설탕세 도입 현황

세계보건기구(WHO)가 2016년 설탕세 도입을 권고한 이후 전 세계적으로 많은 국가들이 이를 채택하고 있습니다. 2025년 기준으로 영국, 프랑스, 멕시코, 노르웨이, 태국, 이탈리아 등 120여 개국에서 다양한 형태로 설탕세를 시행하고 있습니다.

- ▶ 영국 : 2018년부터 설탕 함량에 따라 세율을 차등 적용하는 방식을 도입했습니다. 이로 인해 많은 음료 제조업체들이 자발적으로 제품의 설탕 함량을 줄이는 긍정적인 효과를 가져왔습니다.
- ▶ 멕시코 : 2014년 설탕세 도입 이후 가당 음료 소비가 감소하는 효과를 보였습니다.
- ▶ 이탈리아 : 2025년 7월부터 L당 25g 이상의 설탕이 들어간 가당 음료에 세금을 부과하기 시작했습니다.
- ▶ 베트남 : 2027년부터 100ml당 당분 5g 이상 함유된 청량음료에 8%의 특별소비세를 부과할 방침입니다.

● 대한민국에서의 설탕세 논의

한국에서도 설탕세 도입에 대한 논의는 꾸준히 이어지고 있습니다. 특히 소아·청소년 비만율 증가와 만성질환으로 인한 사회적 비용이 늘어나면서 설탕세 도입의 필요성이 지속적으로 제기되고 있습니다.

최근 여론조사에 따르면 국민 10명 중 6명은 설탕세 부과에 찬성하는 것으로 나타났으며, 청량음료 제품에 설탕의 위험성을 경고하는 문구를 넣는 것에는 10명 중 8명이 찬성하는 등 높은 지지를 보였습니다. 2021년 국회에서 관련 법안이 발의되기도 했으나, 아직 본격적인 입법 절차로 이어지지는 않고 있습니다.

정부와 국회는 설탕세 도입이 국민 건강에 미칠 긍정적 효과와 함께 저소득층 부담 증가 및 관련 산업에 미칠 영향 등을 종합적으로 고려하며 사회적 합의를 형성해 나가는 과정에 있습니다. 소아·청소년 비만 문제해결을 위한 대안으로 설탕세 도입을 촉구하는 목소리도 높아지고 있어 앞으로의 논의 귀추가 주목됩니다.

4) 해결책 : 건강한 식탁 교실 디자인하기

이 달콤한 덫에서 아이를 구출하기 위해 우리 어른들은 무엇을 할 수 있을까요? 죄책감을 느끼거나 모든 단 것을 금지할 필요는 없습니다. 아이의 식탁을 즐거운 '배움의 교실'로 만든다는 생각으로 몇 가지 원칙을 꾸준히 실천하는 것이 중요합니다.

● 전략 1 : 제거가 아닌 축소와 대체

가장 먼저 끊어야 할 것은 액상과당입니다. 과일주스, 이온음료, 캐릭터 음료수 대신 깨끗한 물을 마시는 습관을 들여주세요. 간식으로는 사탕이나 젤리 대신 자연의 단맛을 품은 과일이나 말린 과일, 고구마 등으로 점차 대체해 주세요. 아이의 미각이 서서히 자연의 맛에 적응할 시간을 주는 것이 중요합니다.

● 전략 2 : 주방을 최고의 놀이 교실로!

아이들은 자신이 직접 만든 음식에 더 큰 애정을 느낍니다.

▶ 함께 장보기 : 채소 코너에서 "오늘은 초록색 친구들을 만나볼까?"라며 함께 채소를 고르고, 만져보고, 냄새 맡게 해주세요.

▶요리 과정 참여시키기 : 콩나물 꼬리를 다듬게 하거나, 빵 반죽을 조물조물 만지게 하거나, 안전한 칼로 두부나 버섯을 자르게 해 보세요. 이 과정은 소근육 발달과 집중력 향상은 물론 음식에 대한 긍정적인 경험을 심어줍니다.

● 전략 3 : 음식을 '상이나 벌'로 사용하지 않기

"밥 다 먹으면 젤리 줄게"라는 말은 '밥은 재미없는 의무, 젤리는 즐거운 보상'이라는 인식을 심어줍니다. 반대로 "말 안 들으면 간식 없어!"라는 벌 역시 음식에 대한 부정적인 감정을 유발합니다. 음식은 보상도 벌도 아닌 우리 몸을 건강하게 만드는 고마운 친구 그 자체로 인식시켜 주어야 합니다.

● 전략 4 : 어른들이 좋은 교과서 되어주기

아이들은 어른의 거울입니다. 우리 어른들이 먼저 음료수 대신 물을 마시고, 채소를 맛있게 먹는 모습을 보여주세요. "이 파프리카는 아삭아삭 소리가 나네?", "이 시금치는 부드럽고 고소한 맛이 나"처럼 음식의 맛과 식감을 즐겁게 표현해 주는 것도 좋은 방법입니다. 온 가족이 식탁에 둘러앉아 즐겁게 대화하며 식사하는 시간 자체가 아이에게는 최고의 식습관 교육입니다.

건강한 식습관을 형성하는 것은 '아이의 평생 건강권'을 지켜주는 가장 값진 선물입니다. 우리 어른들의 꾸준하고 지혜로운 노력으로, 아이가 달콤한 덫에서 벗어나 음식 본연의 맛과 즐거움을 느낄 수 있도록 도와주어야 합니다.

우리 아이들이 얼마나 많은 설탕을 섭취하고 있는지 알아볼까요?

만약에 우리 아이가 아침에 일어나서
입맛 없으니까 요거트 하나 먹고
간편하게 시리얼로 해결한 아침.
벌써 이 정도면 우리 아이는
각설탕 11개를 섭취한 것입니다.

그리고 학교에서 쉬는 시간에
마시는 이온 음료(+9),
간식으로 마신 주스 한 잔(+6),
학원 서너개 다니며 중간에
친구들과 먹은
아이스크림 하나(+6).

정말 평범하게 지낸 우리 아이가 밥과 반찬, 소스로 먹은 것들을 제외하고도 각설탕 32개를 섭취한 셈입니다. 대략 당류로 96g을 먹은 것입니다. 세계보건기구(WHO)에서 권고하는 양은 하루 50g 정도입니다.

각 음료수별 설탕 함량 비교 | 구글 이미지 검색

3 '제로 슈거'의 함정 : 인공감미료와 뇌의 착각

"설탕은 안 좋으니까 '제로 슈거' 음료는 괜찮겠지?"

건강에 대한 관심이 높아지면서 설탕을 빼고 단맛을 내는 인공감미료를 사용한 제품들이 쏟아져 나오고 있습니다. 아스파탐, 수크랄로스, 아세설팜칼륨, 사카린 등이 대표적입니다. 이들은 설탕보다 수백 배 강한 단맛을 내면서도 열량은 거의 없어, 마치 '죄책감 없는 단맛'처럼 여겨집니다. 하지만 설탕을 피하려다 우리는 또 다른 미지의 위험에 아이들을 노출시키고 있는 것은 아닐까요? 특히 장기적인 안전성이 아직 완전히 검증되지 않은 인공감미료를 뇌와 신체가 폭발적으로 발달하는 시기의 아이들이 섭취하는 것은 매우 신중하게 접근해야 할 문제입니다.

1) 인공감미료의 종류 : 단맛의 세대교체

제로 슈거 제품에 사용되는 대체 감미료는 크게 합성(인공) 감미료와 천연 감미료로 나눌 수 있으며, 개발 시기에 따라 세대로 구분하기도 합니다.

합성(인공) 감미료

화학적 합성을 통해 인공적으로 만들어낸, 열량이 거의 없으면서 단맛은 매우 강한 물질입니다.

● 1세대 감미료

▶ 사카린(Saccharin) : 1879년에 개발된 최초의 인공감미료입니다.

설탕보다 약 300~500배 달지만 쓴 뒷맛이 남는 특징이 있습니다. 과거 발암성 논란이 있었으나 현재는 안전성이 입증되었습니다. '뉴슈가'의 주성분입니다.

▶ 시클라메이트(Cyclamate) : 설탕보다 약 30배 달지만 일부 국가에서는 안전성 문제로 식품용 사용이 금지되어 있습니다.

● 2세대 감미료

▶ 아스파탐(Aspartame) : 설탕보다 약 200배 달콤하며, 설탕과 유사한 깔끔한 단맛을 내어 '제로' 음료에 가장 널리 사용됩니다. 아미노산인 아스파르트산과 페닐알라닌으로 구성되어 있습니다. 최근 세계보건기구(WHO)에서 '발암 가능 물질'로 분류하여 논란이 되었습니다.

▶ 아세설팜칼륨(Acesulfame-K) : 설탕보다 약 200배 달며 쓴 뒷맛이 있어 아스파탐 등 다른 감미료와 혼합하여 사용하는 경우가 많습니다.

● 3세대 감미료

▶ 수크랄로스(Sucralose) : 설탕을 원료로 만들어져 맛이 가장 유사하면서 단맛은 600배 더 강합니다. 체내에 거의 흡수되지 않고 배출되는 특징이 있습니다.

▶ 네오탐(Neotame) : 아스파탐을 기반으로 개발되었으며 단맛이 설탕의 7,000~13,000배에 달하는 가장 강력한 감미료 중 하나입니다.

천연 감미료(설탕 대체재)

식물에서 추출하거나 발효를 통해 얻는 감미료입니다. 합성 감미료보다 안전하다는 인식이 있지만, 이 역시 과도한 섭취는 주의해야 합니다.

● 스테비아(Stevia)

국화과 식물인 스테비아의 잎에서 추출하는 천연 감미료입니다. 설탕보다 200~300배 달지만 칼로리는 '0'이며, 체내에 흡수되지 않고 배출됩니다.

● 나한과(Monk Fruit)

박과 식물인 나한과의 열매에서 추출합니다. 설탕보다 약 300배 단맛을 내며 특유의 향이 있습니다.

● 당알코올류(Sugar Alcohols)

▶ 자일리톨(Xylitol) : 자작나무 등에서 추출하며, 설탕과 비슷한 단맛에 청량감을 줍니다. 충치 예방 효과로 잘 알려져 있습니다.

▶ 에리스리톨(Erythritol) : 옥수수전분을 발효시켜 만들며, 설탕의 약 70% 정도 단맛에 청량감을 줍니다. 칼로리가 거의 없고 대부분 소변으로 배출됩니다.

▶ 알룰로스(Allulose) : 무화과, 건포도 등에 소량 존재하는 '희소당'입니다. 설탕의 70% 정도 단맛을 내며 칼로리는 거의 없습니다.

▶ 말티톨(Maltitol) : 포도당, 소르비톨이 합쳐진 형태입니다. 다만, 어중간한 칼로리 대비 감미도로 인해 여러 용도에서 사용되지는 않습니다. 과도하게 섭취하면 설사, 소화불량, 가스 등의 문제를 일으킬 수 있으니 유의해야 합니다.

이처럼 제로 슈거는 종류와 특성은 제각기 다르지만, 공통적으로 설탕보다 수백 배 강한 단맛으로 우리 뇌의 미각 시스템을 교란할 수 있다는 잠재적 위험을 가집니다.

2) 뇌를 속이는 가짜 신호

우리 뇌는 단맛이 들어오면 곧 '에너지(당분)'가 들어올 것이라고 예측하고 그에 맞춰 인슐린 분비 등 신체 반응을 준비합니다. 하지만 인공감미료는 단맛만 제공할 뿐 실제 에너지는 공급하지 않습니다. 이러한 '가짜 신호'가 반복되면 우리 뇌와 신체는 혼란에 빠집니다.

● 식욕 조절 시스템 교란

뇌는 "단맛이 나는데 에너지가 안 들어오네?"라는 혼란을 겪으며 진짜 에너지를 보상받기 위해 오히려 다른 단 음식이나 탄수화물을 더 갈망하게 만들 수 있습니다. '제로' 음료를 마시고 나서 다른 간식이 더 먹고 싶어지는 이유가 바로 이 때문입니다.

● 미각의 둔화

설탕보다 훨씬 강한 단맛에 혀가 익숙해지면 과일이나 채소의 자연스럽고 은은한 단맛을 느끼지 못하게 됩니다. 이는 결국 아이의 편식을 심화시키고, 더 자극적인 맛만 찾게 만드는 악순환으로 이어질 수 있습니다.

3) 장(腸) 건강과 미지의 위험성

최근 연구들은 일부 인공감미료가 우리 몸의 '제2의 뇌'라고 불리는 장내 미생물 생태계에 부정적인 영향을 미칠 수 있다는 가능성을 제기하고 있습니다. 장내 유익균과 유해균의 균형이 깨지면 소화 기능 저하뿐만 아니라 면역체계와 심지어 정신 건강에까지 영향을 줄 수 있습니다. 장내 미생물은 신경전달물질(세로토닌, 도파민 등) 생산과 대사에 관여하며 기분·행동·인지 발달과 연결됩니다. 특히 세로토닌의 90% 이상이 장에서 생성됩니다.

세계보건기구(WHO) 산하 국제암연구소(IARC)는 일부 인공감미료(㉠ 아스파탐)를 발암 가능 물질로 분류하며 장기적이고 과도한 섭취에 대해 경고하면서 당뇨나 심장병 위험을 키울 수 있다고 발표했습니다(WHO, 2023). 또한 유익균의 감소를 가져오고 이로 인해 장내 염증이나 건강 문제를 일으킬 수 있다고 보고합니다. 물론 일상적인 섭취량이 위험한 수준은 아니라고 하지만, 아직 신체가 미성숙하고 앞으로 살아갈 날이 훨씬 더 많이 남은 우리 아이들에게는 그 기준을 훨씬 더 보수적으로 적용해야 할 필요가 있습니다. 영유아기는 생후 3년까지는 장내 세균의 구성이 크게 안정되며, 이 시기의 식습관이 장 건강의 기본 설계도를 만드는 기간임을 인식해야 합니다.

● 제거가 아닌 축소와 대체

인공감미료가 함유된 음료보다는 물, 보리차, 과일, 인퓨전 워터 등으로 대체하면 좋습니다.

● 성분표 읽기 교육

부모·교사가 식품 포장지 뒷면에서 감미료 이름을 확인하는 방법을 익히고 아이와도 공유하면서 지속적인 인식 교육이 필요합니다.

장 건강은 단순히 소화의 문제가 아니라, 아이의 면역력과 뇌 발달의 토대입니다. 아직 연구가 진행 중인 인공감미료는 안전하다는 기준을 어른이 아닌 '아이의 평생 기준'에서 재설계해야 합니다.

4) 해결책 : '진짜 맛'을 가르치는 미각 교육

인공감미료의 유혹에서 아이를 지키는 가장 좋은 방법은, 아이가 가공된 단맛이 아닌 자연 그대로의 진짜 맛을 배우고 즐기게 하는 것입니다. 요즘 이유식도 재료 본연의 질감과 맛을 느낄 수 있도록 음식을 제공하는 것으로 트렌드가 바뀌고 있는데, 아주 좋은 방법이라고 생각합니다.

● 가공식품 줄이기

'제로 슈거' 제품 역시 고도로 가공된 식품입니다. 가공식품의 섭취 횟수 자체를 줄이는 것이 근본적인 해결책입니다.

● 최고의 단맛은 과일

아이가 단맛을 원할 때 제철 과일을 간식으로 주세요. 과일의 건강한 단맛은 인공감미료가 줄 수 없는 풍부한 비타민, 미네랄, 그리고 식이섬유까지 함께 선물합니다.

● 맛에 대한 대화 나누기

아이와 함께 음식을 먹으며 맛을 표현하는 대화를 나눠보세요. "이 사과는 아삭하고 새콤달콤하네", "이 당근은 씹을수록 단맛이 나"와 같은 대화는 아이가 음식의 다양한 맛을 섬세하게 느끼고 즐기는 미식가로 성장하게 돕습니다.

결론적으로, 장기적 안전성이 검증되지 않은 인공감미료에 아이들을 무분별하게 노출하는 것은, 유해한 물질로부터 아이를 지켜야 할 어른의 책무를 방기하는 것이며 아이의 '보호권'과 평생의 '건강권(생존권)'을 침해할 수 있는 잠재적 위험임을 인지해야 합니다. 또한 제로 슈거는 설탕 중독을 해결하기 위한 정답이 아니라, 또 다른 질문을 던지는 미지의 영역일 수 있습니다. 우리 어른들은 눈앞의 '제로 칼로리'라는 문구에 현혹되기보다 아이에게 자연 그대로의 건강한 맛을 알려주는 정직하고 지혜로운 길을 선택해야 합니다.

4 카페인 중독 : 일상의 각성제

우리 어른들에게 커피 한 잔은 하루를 시작하는 의식이자 오후의 피로를 쫓는 활력소입니다. 인간은 석기시대부터 카페인을 섭취했다는 학설이 있습니다. '카페인'이라는 이름은 1819년 독일 화학자 프리드리히 페르디난트 룽게(Friedrich Ferdinand Runge)가 커피에서 카페인을 분리한 뒤 붙여졌으며, 그 후 사회적으로 용인된 가장 대중적인 각성제입니다.

우리가 일상에서 흔히 볼 수 있는 커피, 홍차, 녹차, 마테차, 초콜릿 등에는 카페인이 함유되어 있습니다. 또한 인위적으로 카페인을 첨가하는 제품으로는 콜라, 에너지 드링크 등이 있습니다. 식물 속 카페인은 해충을 마비시켜 죽이는 살충제 역할을 하기도 합니다(이시연, 2017). 우리 어른들의 세상에서 필수품처럼 여겨지는 이 물질이, 아직 발달 중인 아이들의 세상에서는 '위험 물질'이 될 수 있다는 사실을 우리는 종종 잊곤 합니다. 국제질병분류(ICD-10)에는 'F15 카페인을 포함하는 기타 흥분제 사용에 의한 정신 및 행동장애'라는 항목으로 정신질환을 일으키는 물질 중 하나로 카페인을 언급하고 있습니다.

"우리 아이는 커피 안 마시는데요?"라고 안심해서는 안 됩니다. 카페인은 커피에만 있는 것이 아닙니다. 콜라, 초콜릿, 아이스티, 에너지 드링크 등 아이들이 좋아하는 수많은 음식에 교묘하게 숨어, 아이의 '건강할 권리'를 위협하고 있습니다.

1) 아이의 몸과 마음에 미치는 영향

카페인은 뇌에서 '아데노신'이라는 피로물질이 작용하는 것을 방해합니다. 즉, 뇌가 "이제 피곤하니 쉬어라"라는 신호를 받지 못하게 막는 것입니다. 어른에게는 이것이 각성효과로 작용하지만, 아이에게는 다음과 같은 부정적인 영향을 미칩니다.

● 수면의 질 저하와 성장 방해

영유아기는 잠을 자는 동안 뇌가 낮 동안의 경험을 정리하고, 성장호르몬이 왕성하게 분비되는 결정적 시기입니다. 카페인은 아이의 숙면을 방해하여 이 모든 중요한 과정을 교란합니다. 잠을 푹 자지 못한 아이는 낮 동안 짜증이 늘고, 집중력이 떨어지며, 장기적으로는 성장에도 영향을 받을 수 있습니다.

● 신경과민과 정서 불안

뇌가 쉬지 못하고 계속 각성 상태에 있으면 아이는 이유 없는 불안감이나 초조함, 신경과민 반응을 보일 수 있습니다. 심장이 두근거리고 손이 떨리는 증상을 겪기도 합니다. 이는 아이의 정서적 안정을 해치고, 마치 다른 행동 문제처럼 보이게 만들 수 있습니다.

● 뼈 성장 저해 가능성

카페인은 칼슘 흡수를 방해하는 성질이 있습니다. 뼈가 폭발적으로 성장하는 영유아기에 칼슘 흡수가 저해되는 것은 장기적으로 아이의 건강한 성장에 부정적인 영향을 줄 수 있습니다.

2) 보이지 않는 눈금이 새겨진 특별한 음료, 카페인

카페인은 세계적으로 가장 널리 사용되는 정신활성 물질로 매일 전 세계의 인구 80%가 카페인을 소비하는 것으로 보고되고 있습니다. 우리나라 식품의약품안전처에서는 1일 카페인 섭취량을 정해 다량의 카페인을 섭취하지 않도록 권고하고 있는데, 성인은 400mg, 임산부는 300mg, 19세 이하의 어린이 및 청소년은 단위 몸무게(몸무게 1kg)당 2.5mg을 넘지 않도록 권고하고 있습니다.

연령별 카페인 권고량(식약처/ WHO)

연 령	1일 최대 권고 섭취량	주의사항
미취학 아동 (6세 이하)	가급적 섭취 금지	성장·신경계 민감기, 각성효과↑
초등학생	45mg 이하	음료 1캔, 초콜릿 과량 주의
중학생 이상	100mg 이하	에너지 드링크·커피 혼합 금지
성인	400mg 이하	임산부·수유부는 300mg 이하 권고

3) 약물과의 이중 위험 : 감기약과 초콜릿?

더욱 주의해야 할 점은, 카페인이 일부 의약품에도 포함되어 있다는 사실입니다. 특히 아이들이 흔히 복용하는 종합 감기약, 비염약, 진통제, 아스피린이나 이부로펜 등과 같은 일부 소염진통제 등 약의 주된 성분으로 인한 졸음을 막기 위해 소량의 카페인이나 유사한 각성 성분이 포함된 경우가 많습니다.

만약 아이가 이런 감기약을 복용하는 중에 카페인이 든 콜라나 초콜릿을 간식으로 먹게 되면 어떻게 될까요? 아이는 자신도 모르는 사이에 카페인 과다복용 상태가 될 수 있습니다. 이는 약물의 부작용을 증폭시키고, 아이를 극심한 흥분 상태나 심장 두근거림, 불면으로 몰아넣을 수 있는 매우 위험한 상황입니다. 따라서 아이에게 약을 먹일 때 우리 어른들은 반드시 약의 성분표를 확인하고, 약을 먹는 기간만이라도 카페인이 함유된 간식을 피하도록 세심하게 주의를 기울여야 합니다.

4) 자연계의 교훈 : 꿀벌도 좋아하는 카페인의 유혹

카페인에는 강력한 각성효과가 있습니다. 2013년 영국의 저명한 과학 학술지 '사이언스(Science)'는 매우 흥미로운 연구 결과를 발표했습니다.

영국 뉴캐슬 대학교의 제럴딘 라이트(Geraldine Wright) 교수가 이끄는 연구팀은 꿀벌에게 설탕물만 있는 인공 꽃과 아주 적은 양의 카페인이 섞인 설탕물이 있는 인공 꽃을 모두 경험하게 했습니다. 놀랍게도 꿀벌들은 카페인이 섞인 꽃의 향기를 카페인이 없는 꽃보다 무려 3배나 더 잘 기억하고, 그 꽃을 다시 찾아오는 경향을 보였습니다(Joseph, 2013).

이 연구는 식물들이 꿀벌이라는 중요한 수분 매개체를 다시 불러들이기 위해, 꿀의 당분 외에 소량의 카페인을 '보상' 또는 기억 강화제로 사용하는 영리한 생존 전략을 진화시켜 왔음을 보여줍니다. 꿀벌의 뇌에 각인된 "이 꽃에 가면 좋은 기억(보상)이 있다"는 신호가 꿀벌을 다시 그 꽃으로 이끈 것입니다(Wright, et al., 2013).

이 사실은 우리에게 중요한 시사점을 던져줍니다. 카페인은 분명 꿀벌의 기억력을 강화시킨 것처럼, 우리 뇌의 특정 기억(단기기억)을 잠시 붙잡아두는 효과가 있습니다. 시험공부를 하는 학생들이 카페인을 찾는 이유도 바로 이 때문일 것입니다.

하지만 여기서 우리는 인간과 꿀벌의 결정적인 차이를 알아야 합니다. 꿀벌에게는 하룻밤의 기억이 생존에 중요할지 몰라도, 인간에게 진짜 공부는 하룻밤의 단기기억이 아닌, 깊은 잠을 통해 뇌에 엉

구적으로 저장되는 '장기기억'으로 완성됩니다(Squire, et al., 2015).

결국 카페인은 꿀벌을 유혹하는 꽃의 꿀처럼, 우리에게 '기억력이 좋아진다'는 달콤한 착각을 선물하지만, 그 대가로 장기기억을 만드는 가장 중요한 과정인 '깊은 잠'을 앗아가는 것입니다. 자연의 교훈은 우리에게 카페인의 힘이 얼마나 강력한지를 보여주는 동시에 그 힘을 현명하게 통제해야 하는 이유를 다시 한번 일깨워줍니다.

종류		1회 제공량	카페인 함량 (mg)
전문점커피	아메리카노(HOT)	1잔(354~591 mL)	150-237
	콜드브루(ICE)	1잔(350~709 mL)	119~212
	디카페인(ICE)	1잔(350~709 mL)	3-16
즉석커피	아메리카노	1개(235~325 mL)	59~150
	카페라테	1개(200~275 mL)	65-134
	디카페인	1개(200~500 mL)	4-6
차	홍차	1 티백	55-60
	녹차	1 티백	35-58
	콤부차	1봉	0-10

종류		1회 제공량	카페인 함량 (mg)
믹스커피		1봉	25-54
탄산음료		355 ml	35-54
에너지드링크		1개(250~500 mL)	63-200
커피우유		1개(200~500 mL)	43-237
밀크초콜렛		100 g	14-23
약	두통약	1정	50
	기침시럽	20 ml	30
	피로회복제	120 mL	30

질병관리청 국가건강정보포털(https://health.kdca.go.kr)

음료/ 음식/ 약물의 카페인 함량 | 질병관리청 국가건강정보포털

5) '공부 잘하는 약'이라는 위험한 착각 : 카페인의 배신

시험기간이 다가오면 많은 학생이 '잠을 쫓고 집중력을 높여준다'는 유혹에 빠져 에너지 드링크나 커피를 찾습니다. 우리 어른들 역시 피곤할 때 커피를 마시며 일의 능률을 올리는 모습에 익숙하기에 아이들의 이러한 행동을 대수롭지 않게 여기거나 심지어 권하기도 합니다. 하지만 공부를 위해 섭취하는 카페인은, 사실 아이들의 노력을 배신하고 '진짜 공부'를 방해하는 가장 교묘한 적이 될 수 있습니다.

● 집중력이라는 착시 현상

카페인은 우리 뇌에 새로운 에너지를 만들어주는 물질이 아닙니다. 단지 뇌의 피로물질(아데노신)이 작용하는 것을 억지로 막아, 뇌가 '피곤하다는 사실을 잠시 잊게 만드는 것'뿐입니다(Davis, et al., 2003).

이는 자동차의 '연료 부족 경고등'에 검은 테이프를 붙여놓는 것과 같습니다. 경고등이 보이지 않으니 계속 달릴 수 있을 것 같지만, 실제로는 연료탱크가 텅 비어가고 있는 위험한 상황인 것입니다. 카페인으로 얻는 각성 상태는 맑고 깊이 있는 집중력이 아니라 안절부절못하고 신경이 곤두선 '가짜 각성'에 가깝습니다. 이 상태에서는 복잡한 문제를 깊이 있게 사고하거나 창의적인 생각을 하기가 더 어려워집니다.

● 깊은 학습을 파괴하는 진짜 비용

카페인의 가장 큰 배신은 바로 '수면'을 공격한다는 점입니다. 우리 뇌는 잠을 자는 동안 특히 '깊은 잠' 단계에서 낮 동안 학습한 내용을 단기기억에서 장기기억으로 옮겨 저장합니다. 즉, 잠은 공부의 마지막이자 가장 중요한 완성 단계입니다(Thölke, et al., 2025).

하지만 각성효과를 위해 섭취한 카페인은 우리 몸에 예상보다 훨씬 오래 남아 수면의 질을 심각하게 떨어뜨립니다. 설령 잠을 잤다고 해도, 뇌가 얕은 잠 단계에만 머무르게 만들어 기억을 저장하는 핵심적인 과정을 방해합니다. 결국 아이는 밤새워 공부했지만, 정작 뇌에는 아무것도 저장되지 않는 최악의 상황을 맞게 됩니다. '밑 빠진 독에 물 붓기'가 되는 셈입니다.

● 불안과 신체적 부작용의 악순환

과도한 카페인은 심장을 빨리 뛰게 하고, 손을 떨리게 하며, 이유 없는 불안감과 초조함을 증폭시킵니다. 차분한 마음으로 문제에 집중해야 할 학생에게 이러한 신체적·정신적 부작용은 오히려 시험을 망치는 직접적인 원인이 될 수 있습니다.

결론적으로, 공부를 위한 카페인 섭취는 단기적인 각성효과라는 작은 이득을 위해 깊은 학습 능력, 장기 기억력, 정서적 안정감이라는 훨씬 더 큰 것을 포기하는 행위입니다.

우리 어른들은 아이들에게 카페인의 힘을 빌리는 요령 대신 충분한 수면과 건강한 식습관, 그리고 꾸준한 노력이야말로 진짜 성적을 올리는 가장 정직하고 확실한 길임을 알려주어야 합니다. 이는 아이의 '건강권'과 함께 올바른 방법으로 '교육받을 권리'를 지켜주는 중요한 책무입니다.

6) '관문 약물'로서의 카페인 : 더 위험한 중독으로 가는 징검다리

우리는 흔히 카페인을 커피나 탄산음료 정도로 가볍게 생각하지만, 일부 전문가들은 카페인이 더 심각한 약물중독으로 이어질 수 있는 '관문 약물(Gateway Drug)'의 역할을 할 수 있다고 경고합니다. 담배나 술이 마약으로 가는 징검다리가 될 수 있는 것과 같은 이치입니다(Reissig, Strain, & Griffiths, 2009).

물론, 콜라 한 잔을 마신다고 해서 아이가 훗날 마약중독자가 되는 것은 결코 아닙니다. 하지만 우리는 그 이면에 숨겨진 두 가지 위험한 메커니즘을 이해해야 합니다.

● 더 강한 자극을 원하는 둔감해진 뇌

만성적인 카페인 섭취는 우리 뇌의 도파민 시스템을 계속해서 자극합니다. 뇌는 이 인위적인 각성 상태에 적응하기 위해 스스로 도파민 수용체를 줄이거나 그 민감도를 떨어뜨립니다.

그 결과, 예전과 같은 양의 카페인으로는 더 이상 만족스러운 각성효과를 얻지 못하게 됩니다(내성). 뇌의 쾌락 '역치'가 올라가 버린 것입니다. 이때 더 강한 쾌감과 각성을 갈망하는 뇌는 카페인보다 훨씬 더 강력한 다른 각성제나 약물의 유혹에 넘어갈 가능성이 커집니다. 뇌가 이미 '화학적 해결책'에 길들여져 있기 때문입니다(Ferré, 2016; Volkow et al., 2012).

● 화학적 대처 방식의 학습

더 근본적인 문제는 심리적인 부분에 있습니다. 어린 시절부터 '피곤할 땐 에너지 드링크', '집중이 안 될 땐 커피우유', '기분이 우울할 땐 달콤한 초콜릿'과 같은 방식으로 문제를 해결하는 법을 배운 아이는 '나의 어려움은 외부 물질을 통해 해결할 수 있다'는 위험한 대처 방식을 학습하게 됩니다.

이러한 '화학적 대처(Chemical Coping)' 방식에 익숙해진 아이는 훗날 더 큰 스트레스나 인생의 어려움에 부딪혔을 때 스스로의 힘으로 문제를 해결하기보다 더 빠르고 강력한 화학적 위안, 즉 약물이나 알코올 등에 의존할 위험성이 높아집니다(Ferré, 2016).

카페인 한 잔이 직접적으로 마약 중독을 유발하는 것은 아닙니다. 하지만 일상의 문제를 해결하기 위해 각성 물질에 의존하는 '습관'과 그러한 방식을 용인하는 '사회적 분위기'는 아이들이 더 위험한 중독으로 나아가는 길의 문턱을 확실히 낮춰줍니다.

우리 어른들이 아이들에게 물려주어야 할 것은 피로를 이기는 카페인이 아니라 충분한 휴식과 건강한 생활습관이라는 정직한 지혜입니다.

7) 어른의 한 잔과 아이의 한 모금, 그 무게가 다른 이유

아이들의 경우 생체 내에서 화학물질의 흡수, 분포, 대사 및 배설에 미치는 대사체계가 어른과 다르기 때문에 물질의 독성에 더 민감합니다. 카페인도 성인에 비해 아이들의 해독 능력이 떨어지고 적은 양의 카페인으로도 중독을 일으킬 수 있습니다(AAP, 2014; Temple, et al., 2017; van der Schans, 2020).

우리 어른들은 종종 자신의 경험을 기준으로 아이를 판단하는 실수를 합니다. "나도 커피 한두 잔은 괜찮은데, 아이가 마시는 초코우유 한 팩 정도는 괜찮겠지"라고 생각하는 것입니다. 하지만 이는 어른과 아이의 근본적인 차이를 간과한 매우 위험한 생각입니다. 같은 양의 카페인이라도 아이에게 훨씬 더 해로운 이유는 명확합니다.

● 작은 몸, 거대한 부담 : 체중 대비 과다섭취

가장 단순하고 명백한 이유입니다. 아이는 어른보다 체중이 훨씬 적게 나갑니다. 몸무게 60kg의 어른과 15kg의 아이가 같은 양의 카페인을 섭취했다면, 아이는 체중 대비 4배나 더 많은 양을 섭취한 것과 같습니다. 이는 아이의 작은 간과 신장이 감당하기에는 너무나 큰 부담이며, 카페인의 독성이 몸에 훨씬 더 강하고 오래 남게 되는 직접적인 원인이 됩니다.

● 미완성의 해독 시스템 : 간 기능의 미성숙

우리 몸에 들어온 카페인은 주로 간에서 분해(대사)되어 몸 밖으로 배출됩니다. 성인의 간은 카페인을 비교적 효율적으로 처리할 수 있습니다. 하지만 영유아의 간 기능은 아직 완전히 성숙하지 않았습니다. 같은 양의 카페인이 들어와도, 아이의 미성숙한 간은 그것을 분해하는 데 어른보다 훨씬 더 오랜 시간이 걸립니다.

결국 카페인 성분이 아이의 혈액 속에 더 높은 농도로 더 오랜 시간 머무르게 되면서 뇌와 심장, 그리고 다른 모든 장기에 지속적으로 영향을 미치게 되는 것입니다.

● 뇌 발달의 결정적 시기 : 공사 현장의 불청객

무엇보다 가장 심각한 문제는 아이의 뇌가 아직 한창 발달 중인 '결정적 시기(Critical Period)'에 있다는 점입니다. 뇌세포들이 폭발적으로 연결망을 만들고, 뇌의 구조가 자리를 잡아가는 이 중요한 시기에, 카페인이라는 인위적인 각성 물질이 개입하는 것은 마치 정밀한 설계도가 필요한 건축공사 현장에 불청객이 난입하는 것과 같습니다(Ribeiro, Sebastião, 2010). 특히 수면패턴을 망가뜨려 뇌 발달의 가장 중요한 과정을 방해합니다. 또한 정서 조절 회로를 교란시켜 과도한 흥분과 불안으로 인하여 정상적인 정서발달을 방해할 수 있습니다.

결론적으로, 아이에게 카페인은 성장의 토대를 흔들고 뇌 발달의 청사진을 어지럽히는 위험한 화학물질입니다. 캐나다 보건부에서는 만 4~6세 아동의 하루 카페인 최대 섭취량을 45mg(콜라 한 캔 또는 초콜릿 약 100g에 해당) 이하로 엄격히 제한하고 있으며, 대한민국 식약처 역시 어린이와 청소년의 카페인 섭취에 대한 주의를 강력히 권고하고 있습니다.

우리 어른들이 마시는 한 잔의 커피와 아이가 마시는 한 모금의 콜라는 결코 같은 무게가 아닙니다. 아이의 미래를 생각한다면, 우리는 그 한 모금의 무게를 훨씬 더 무겁게 느껴야 할 책임이 있습니다.

8) 해결책 : 지혜로운 카페인 환경 만들기

아이를 카페인의 위험으로부터 지키기 위해, 우리 어른들은 가정과 교육기관에서 카페인 지혜를 발휘해야 합니다.

● 어른의 습관 돌아보기

아이들은 어른의 행동을 보고 배웁니다. "커피 없이는 못 살아", "피곤할 땐 에너지 드링크가 최고야"와 같은 말을 아이 앞에서 자주 사용하지 않는 것이 좋습니다. 이는 아이에게 '피곤함=각성제 섭취'라는 공식을 무의식적으로 학습시킬 수 있습니다.

● 라벨 읽기 습관화

아이의 간식을 살 때, 영양성분표를 확인하는 습관을 들여야 합니다. 코코아매스, 홍차추출물 등의 표시는 카페인이 들어있다는 신호일 수 있습니다. 무엇이 들어있는지 아는 것이 안전의 첫걸음입니다.

● 건강하고 맛있는 대안 제공하기

• 탄산음료 대신 → 탄산수에 진짜 과일즙을 짜서 넣어주세요.

- 초코우유 대신 → 흰 우유에 제철 과일을 갈아 넣어주세요.
- 아이스티 대신 → 보리차나 루이보스 티처럼 카페인이 없는 건강한 차를 시원하게 준비해 주세요.

● **솔직하고 지속적인 대화**

아이가 조금 더 자라면, 왜 특정 음료를 마시면 안 되는지 아이의 눈높이에서 설명해 주는 것이 좋습니다. "이건 어른들이 마시는 음료야. 아가한테는 너무 강해서 잠도 안 오고, 심장이 쿵쾅쿵쾅 뛸 수 있거든. 대신 우리한테 더 좋고 맛있는 이걸 마셔볼까?"와 같은 대화는 아이가 스스로 건강한 선택을 하는 힘을 길러줄 것입니다.

카페인은 마약이나 술처럼 즉각적으로 심각한 문제를 일으키지는 않을 수 있습니다. 하지만 '일상'이라는 이름으로 방심하는 사이 카페인은 아이의 건강한 수면과 안정적인 정서와 튼튼한 성장의 '발달권'을 조용히, 그리고 꾸준히 앗아갈 수 있다는 사실을 우리 어른들은 반드시 기억해야 합니다.

5 알코올 중독 : 가장 친숙한 신경안정제의 그림자

알코올(술)은 인류의 역사와 함께해 온 가장 오래되고, 가장 널리 퍼져있는 합법적 중독물질입니다. 축하의 자리에는 샴페인이, 위로의 시간에는 소주가, 스트레스 받는 날에는 시원한 맥주가 함께합니다. 이처럼 우리 문화 깊숙이 자리 잡은 알코올은 아이들에게 가장 친숙하고 강력한 '화학적 해결책'의 교과서가 됩니다.

1) 태아 알코올 증후군 : 엄마의 한 잔, 아이의 평생

임신 중 음주는 태아에게 돌이킬 수 없는 손상을 입히는 명백한 아동학대입니다. 알코올은 탯줄을 통해 태아의 뇌에 그대로 전달되어 뇌세포의 성장과 연결을 방해합니다. 이로 인해 아이는 태아 알코올 증후군(FAS : Fetal Alcohol Syndrome)을 안고 태어날 수 있습니다(CDC, 2023).

태아 알코올 증후군(FAS)의 주요 증상

● 특징적인 신체 및 얼굴 기형

▶ 얼굴 특징 : 윗입술이 유난히 가늘고, 인중(코와 윗입술 사이의 홈)이 거의 없어 편평하며, 눈의 좌우 폭(안검열)이 짧아 눈이 작아 보입니다.

▶ 성장 지연 : 태어날 때부터 체중과 신장이 작으며, 성장하는 동안에도 또래에 비해 성장이 더딘 경향을 보입니다.

▶ 기타 신체 문제 : 심장, 신장, 뼈 등에 이상이 있거나, 시력이나 청력에 문제를 가지고 태어날 수도 있습니다.

● 중추신경계 문제(뇌 손상)

▶ 지적장애 및 학습 어려움 : 평균보다 낮은 지능(IQ)을 보이며, 특히 추상적인 개념을 이해하거나 수학적 사고를 하는 데 큰 어려움을 겪을 수 있습니다.

▶ 기억력 및 주의력 문제 : 방금 들은 것을 쉽게 잊어버리거나 한 가지 일에 집중하는 것을 매우 힘들어하여 주의력결핍 과잉행동장애(ADHD) 진단을 받기도 합니다.

▶ 정보 처리의 어려움 : 여러 지시를 동시에 이해하고 처리하는 능력이 부족하여, 단체 생활이나 학습에 어려움을 보입니다.

● **행동 및 정서 조절의 어려움**

▶ 충동 조절의 어려움 : 생각보다 행동이 먼저 앞서는 충동적인 모습을 자주 보이며, 위험한 행동의 결과를 예측하지 못합니다.

▶ 사회성 부족 : 친구를 사귀고 관계를 유지하는 데 어려움을 느끼며, 사회적인 규칙이나 분위기를 파악하지 못해 부적절한 행동을 하기도 합니다.

▶ 정서 불안 : 이유 없이 짜증을 내거나 감정 기복이 심하고, 불안이나 우울과 같은 정신 건강 문제를 겪을 가능성이 높습니다.

이처럼 태아 알코올 증후군은 한 아이의 평생에 걸쳐 신체, 학습, 정신 건강 모든 영역에 영향을 미치는 무서운 질환입니다. 하지만 가장 중요한 사실은 임신 중 완전한 금주를 통해 100% 예방이 가능하다는 점입니다. 또한 임신 중 완전한 금주는 아이의 '건강하게 태어날 권리'를 지켜주기 위한 최소한의 약속입니다.

2) 불안정한 가정 : 예측 불가능한 세상

부모의 잦은 음주나 알코올 의존은 아이의 '정서적 안전 울타리'를 뿌리부터 흔듭니다. 술에 취한 부모의 예측 불가능한 감정 변화와 행동은 아이에게 극심한 불안과 공포를 안겨줍니다. 아이는 언제 칭찬받고 언제 혼날지 몰라 항상 부모의 눈치를 살피게 되며, 이는 세상과 타인에 대한 깊은 불신으로 이어집니다. 또한 부모는 술에 취해 아이를 돌보는 것을 잊거나(방임), 폭력적인 언행(정서적·신체적 학대)을 할 가능성이 커집니다.

3) 왜곡된 학습 : 감정 조절과 술의 연결

아이들은 어른들의 모습을 통해 감정을 조절하는 법을 배웁니다. "힘들 땐 술 한잔해야지", "기쁠 땐 건배해야지"라는 말을 듣고 자란 아이는, 자신의 감정을 건강하게 해소하는 대신 '술'이라는 화학적 방법에 의존하는 것을 자연스럽게 학습합니다. 이는 훗날 아이가 스트레스 상황에 놓였을 때, 다른 중독물질에 쉽게 빠져들게 만드는 위험한 심리적 기반이 됩니다.

가정 내 알코올 문제는 태아기부터 아이의 건강한 출발을 막고(생존권), 아이의 정서적 안정을 파괴하며(보호권), 왜곡된 문제해결 방식을 학습시켜(발달권) 아이의 삶 모든 영역의 권리를 송두리째 흔드는 문제입니다. 우리 어른들은 아이들 앞에서 술에 대한 태도를 신중히 해야 합니다. 술이 문제해결의 도구가 아니라, 어른들의 책임감 있는 선택 중 하나임을 보여주어야 합니다.

알코올 위험신호 체크리스트

- ☐ 평소보다 잦은 무기력·졸림
- ☐ 음료/ 물병에서 알코올 냄새
- ☐ 비밀리에 음주 시도
- ☐ 식사 전후 이유 없는 흥분/ 우울
- ☐ 학교·가정생활 태도 급격 변화

6 간접흡연의 비극 : 니코틴 중독의 씨앗

담배 피는 호랑이 | ChatGPT(DALL·E, OpenAI)를 사용해 생성한 AI 이미지

담배 연기 속에 숨어있는 니코틴은 마약으로 분류될 만큼 강력한 중독물질입니다. 담배에는 1,000여 가지의 유해 물질이 포함되어 있지만 가장 유해한 물질은 니코틴, 타르, 일산화탄소입니다. 그중 니코틴은 뇌에 도달하는 속도가 매우 빨라서 흡입 후 단 몇 초 만에 뇌의 쾌락중추를 자극하여 일시적인 안정감과 각성효과를 줍니다. 하지만 이 효과가 사라지면 뇌는 곧바로 더 많은 니코틴을 갈망하게 되고, 사용자는 벗어나기 힘든 중독의 굴레에 빠지게 됩니다.

"우리 아이는 담배를 피우지 않으니 괜찮다", "우리 집엔 담배 피우는 사람이 없으니 괜찮다"라고 생각하는 것은 위험한 착각입니다. 아이들은 어른들의 흡연 행위를 통해 자신도 모르는 사이에 니코틴 중독의 가장 큰 피해자가 되고 있습니다.

1) 보이지 않는 폭력 : 간접흡연과 3차 흡연

아이가 직접 담배를 피우지 않아도, 어른이 피운 담배 연기를 들이마시는 '간접흡연'은 아이의 연약한 폐와 기관지에 치명적인 손상을 입힙니다. 이는 천식, 중이염, 기관지염 등 각종 호흡기 질환의 직접적인 원인이 되며, 영아돌연사증후군(SIDS)의 위험을 크게 높입니다(CDC, 2025).

더 무서운 것은 '3차 흡연'입니다. 담배를 피운 사람의 옷, 머리카락, 피부, 그리고 집 안의 소파나 카펫, 장난감 등에 묻어있는 담배의 유해 물질을 아이가 만지고 입으로 가져가면서 독성물질에 노출되는 것입니다. 아이의 공간은 담배 연기가 사라진 후에도 오랫동안 독성물질에 오염되어 있으며, 이는 아이의 '안전하고 건강한 환경에서 살아갈 권리'를 심각하게 침해하는 보이지 않는 폭력입니다.

2) 왜곡된 역할 모델 : 스트레스 해소법의 대물림

아이에게 부모는 세상의 전부이자 삶의 방식을 배우는 첫 번째 역할 모델입니다. 만약 아이가 스트레스를 받거나 힘들어하는 어른이 담배를 피우며 "휴, 살겠다"라고 말하는 모습을 반복적으로 본다면, 아이의 뇌에는 어떤 공식이 새겨질까요? '힘들고 어려울 땐 담배를 피우면 괜찮아지는구나'라는 끔찍하게 왜곡된 문제해결 방식을 학습하게 됩니다. 이는 아이가 훗날 스트레스 상황에 놓였을 때 건강한 방법으로 문제를 해결하기보다 담배를 비롯한 중독물질에 쉽게 손을 뻗게 만드는 강력한 심리적 씨앗을 심는 것과 같습니다.

3) 새로운 위협 : 전자담배와 신종 환각물질

담배의 위협은 이제 더 교묘하고 새로운 얼굴로 아이들에게 다가오고 있습니다. '안전하다'는 착각을 불러일으키는 전자담배와 법의 사각지대에서 청소년들을 노리는 신종 환각물질이 바로 그것입니다.

● '안전한 담배'라는 착각 – 전자담배의 함정

많은 어른들이 일반 담배의 대안으로 전자담배를 선택하며, 연기가 나지 않으니 아이들에게도 괜찮을 것이라고 오해합니다. 하지만 이는 아이들을 더 교묘한 위험에 노출시키는 매우 위험한 착각입니다.

- ▶ 달콤한 유혹의 덫 : 딸기 맛, 초콜릿 맛 등 아이들이 좋아하는 향을 가진 전자담배는 담배에 대한 심리적 경계심을 완전히 허물어뜨립니다. 이는 담배를 유해 물질이 아닌, 마치 맛있는 간식이나 장난감처럼 인식하게 만들어 청소년기 흡연의 가장 강력한 진입로 역할을 합니다.
- ▶ 보이지 않는 3차 흡연 : 전자담배가 내뿜는 것은 단순한 수증기가 아닌, 니코틴과 포름알데히드 같은 발암물질, 그리고 중금속이 포함된 '에어로졸'입니다. 이 유해 입자들은 집안의 소파, 카펫, 아이의 장난감과 옷에 그대로 내려앉아 3차 흡연의 위험을 동일하게 유발합니다. 아이들은 오염된 표면을 만지고 기어 다니며, 자신도 모르는 사이에 피부와 호흡기로 독성물질을 흡수하게 됩니다.
- ▶ 고농축 니코틴의 위험 : 일부 액상 전자담배는 일반 담배보다 훨씬 높은 수준의 니코틴을 함유하고 있어, 더 빠르고 강력한 중독을 유발할 수 있습니다. 아직 뇌가 발달 중인 아이들에게 이러한 고농도의 니코틴 노출은 치명적일 수 있습니다.

결국 전자담배 역시 아이들에게 왜곡된 역할 모델이 되며, 아이의 '유해 물질로부터 보호받을 권리'와 '건강하게 성장할 생존권'을 심각하게 침해하는 새로운 형태의 위협일 뿐입니다.

● 전자담배로 가장한 에토미데이트의 위험

최근 청소년들 사이에서 에토미데이트[4]를 함유한 전자담배가 일명 '좀비담배'로 불리며 유행하고 있습니다. 본래 의료용 전신마취제로 사용되던 에토미데이트를 다이어트약으로 속여 불법적으로 유통하고 있으며, 교묘하게 정체를 숨기고 아이들의 삶을 파괴하고 있습니다(Williams, Boyd, & Fitzgerald, 2023).

가장 큰 문제는 이것이 전자담배 기기를 통해 흡입하는 액상 카트리지 형태로 판매된다는 점입니다. 겉모습만으로는 일반 전자담배 액상과 구분이 어려워, 아이들은 이것이 마취제라는 사실조차 인지하지 못한 채 호기심에 손을 댈 수 있습니다.

에토미데이트를 흡입하면 사용자는 기억상실, 호흡곤란, 무의식 상태 등 마치 좀비와 같은 모습을 보이며, 심한 경우 사망에 이를 수 있습니다. 최근 국내에서도 홍콩 등지에서 이를 밀수해 강남 유흥업소 중심으로 유통시킨 일당이 검거되는 등 우리 사회에 이미 깊숙이 침투하고 있습니다.

이러한 신종 유해 물질의 확산은 아이들이 '유해한 약물과 환경으로부터 보호받을 권리'를 얼마나 쉽게 위협받을 수 있는지 보여주는 가장 비극적인 사례입니다. 이처럼 달콤한 향으로 유혹하는 전자담배와 그 기기를 통해 흡입하는 신종 환각물질의 결합은 담배와 마약이 함께 우리 아이들의 삶을 파고들 수 있는 가장 강력한 폭탄이라고 할 수 있습니다.

---

4 우리나라에서는 에토미데이트가 2025년 2월 28일 마약류 중 향정신성의약품으로 지정되었습니다(나무위키, 2025).

4) 해결책 : 금연을 넘어 '평생 비흡연'을 위한 조기교육

니코틴 중독의 비극을 막기 위한 가장 확실한 방법은, 아이가 애초에 담배에 대한 호기심조차 갖지 않도록 하는 것입니다. 이를 위해서는 아주 어릴 때부터 시작하는 '흡연 예방 교육'이 필수적입니다. 흡연 예방 교육은 6세 이전에 실시하는 것이 가장 효과적이라는 보고가 있습니다(질병관리청, 2023).

● 흡연 예방 교육, 왜 만 6세 이전이 중요한가?

'이렇게 어린아이에게 벌써부터?'라고 생각할 수 있습니다. 여러 연구에 따르면 만 6세 이전의 유아는 사회적 모델링(어른의 행동 모방)에 가장 민감합니다. 이 시기에 '담배는 절대 가까이하지 않는 것'이라는 기준을 명확히 심어주면, 이후 청소년기에 호기심이나 유혹을 현저히 줄일 수 있습니다(Wells, 2021).

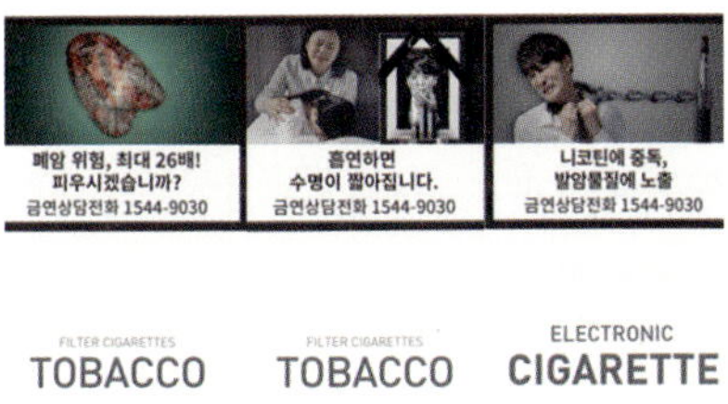

담배 경고 사진/ 문구 | KBS 뉴스

보건복지부 금연 캠페인 | 보건복지부

● 영유아 눈높이에 맞는 교육 방법

영유아기 흡연 예방 교육은 담배의 유해 성분을 암기시키는 것이 아닙니다. "우리 몸은 소중하고, 건강한 것을 좋아해"라는 가장 근본적이고 긍정적인 가치관을 심어주는 과정입니다. 깨끗한 공기, 건강한 음식, 즐거운 운동이 우리 몸을 얼마나 행복하게 하는지 배우는 아이는 자연스럽게 몸을 해롭게 하는 것들에 대한 거부감을 갖게 됩니다.

- ▶ 긍정적 언어 사용하기 : "담배는 나빠!"라고 말하기보다, "우리 코는 향긋한 꽃향기를 좋아하지, 콜록콜록 매운 연기는 싫어해"와 같이 아이의 감각과 긍정적인 경험에 연결하여 설명해 주세요. 공익광고의 '노담' 캠페인은 아주 좋은 예라고 생각합니다. 물론 전문가들은 혐오와 협박이 초기 예방에 효과적인 방법이라고 합니다. 예를 들면, 담배 포장지에 인쇄된 흡연으로 인한 폐암, 설암 등의 사진들도 효과가 있습니다. 그러나 긴 인생의 여정에 필요한 것은 해로운 것으로부터 배리어(barrier, 장벽)를 세울 수 있는 내면의 힘을 길러주는 것입니다.
- ▶ 시각 자료와 이야기 활용하기 : 깨끗한 폐와 담배 연기로 까맣게 변한 폐의 그림을 비교해서 보여주거나, 담배 괴물을 물리치는 용감한 어린이에 대한 동화를 만들어 들려주는 것은 효과적입니다.
- ▶ 거절 연습 놀이 : "친구가 이상한 사탕을 주면 어떻게 할까?"와 같은 상황을 설정하고, "아니야, 괜찮아! 나는 이거 안 먹어!"라고 단호하게 말하는 역할 놀이를 해보세요. 이는 훗날 담배뿐만 아니라 다른 모든 위험한 유혹으로부터 스스로를 지키는 힘의 기초가 됩니다.

어른들의 흡연은 아이에게 깨끗한 공기를 빼앗고 건강을 위협하여 아이의 '생존권'을 침해하며, 유해 물질 가득한 환경 속에 아이를 방치하여 '보호권'을 저버리는 명백한 권리 침해 행위입니다. 따라서 우리 어른들의 금연은 단순히 개인의 건강을 위한 선택이 아닙니다. 그것은 우리 아이에게 깨끗한 공기와 건강한 역할 모델을 물려주고, 아이가 평생 비흡연자로 살아갈 권리를 지켜주는 가장 책임감 있는 사랑의 표현입니다. 그렇다고 흡연자를 비난하거나 혐오를 가르칠 필요는 없습니다. 그렇게 가르쳐서도 안 됩니다. 흡연과 비흡연은 철저한 개인적인 선택의 영역이니까요. 제가 강조하고 싶은 것은 유아기 흡연 예방 교육의 효과와 방향성입니다.

니코틴(흡연) 위험신호 체크리스트

- ☐ 입냄새·손가락/ 치아 변색
- ☐ 담배냄새 숨기려 향수·껌 과다사용
- ☐ 이유 없는 기침, 숨가쁨
- ☐ 용돈 부족, 담배/ 라이터 소지
- ☐ 외출/ 화장실 시간 길어짐

7 아나볼릭 스테로이드 : '몸짱 약'의 검은 유혹

최근 TV나 소셜 미디어에서는 '몸짱' 열풍이 거셉니다. 남녀노소를 불문하고 근육질의 건강한 몸을 선망하는 사회적 분위기 속에서 더 빠르고 쉽게 원하는 몸을 만들고 싶다는 욕

디즈니 프린세스 : 미디어가 보여주는 이상적인 모습

망이 위험한 길로 이어지기도 합니다. 그 길의 끝에는 '아나볼릭 스테로이드(Anabolic Steroid)'라는 검은 유혹이 존재합니다.

1) 진짜 근육이 아닌, 빌려온 힘

아나볼릭 스테로이드는 남성호르몬인 테스토스테론의 합성을 인위적으로 촉진하는 약물입니다. 본래는 고환의 기능 저하, 심한 화상으로 인한 근육 손실 등 특정 질환을 치료하기 위한 목적으로 개발된 전문의약품입니다. 이 약물을 투여하면 단백질 합성이 촉진되어 짧은 시간 안에 근육의 크기와 힘을 폭발적으로 증가시킬 수 있습니다(NIDA, 2023).

문제는 일부 운동선수나 헬스 트레이너, 일반인들이 운동 능력을 향상시키거나 '몸짱'이 되기 위한 지름길로 이 약물을 불법적으로 오남용하고 있다는 점입니다. 특히 청소년들 사이에서 왜곡된 남성성에 대한 동경이나 외모에 대한 과도한 집착으로 인해 스테로이드에 손을 대는 경우가 늘어나고 있어 심각한 사회 문제가 되고 있습니다(Piatkowska & Kiliç, 2023).

2) 몸과 마음을 파괴하는 끔찍한 부작용

빌려온 힘의 대가는 끔찍합니다. 아나볼릭 스테로이드는 우리 몸의 섬세한 호르몬 체계를 완전히 파괴하여 돌이킬 수 없는 부작용을 남깁니다.

● 신체적 부작용

▶ 남성 : 고환 기능 저하 및 위축, 정자 수 감소로 인한 불임, 여성형 유방(가슴이 여성처럼 부푸는 현상), 심각한 여드름, 탈모

▶ 여성 : 목소리의 남성화(굵어짐), 다모증, 생리 불순, 음핵 비대 등 남성적인 특징 발현

▶ 공통 : 심장병, 간 손상, 고혈압, 콜레스테롤 수치 이상 등 심각한 내과적 질환

▶ 정신적 부작용 : '로이드 레이지(Roid Rage)'라고 불리는 극심한 감정 기복과 공격성이 나타납니다. 사소한 일에도 쉽게 분노를 터뜨리고 폭력적으로 변하며, 심한 경우 조증이나 우울증, 망상과 같은 정신질환으로 이어질 수 있습니다. 또한 신체이형장애(Body Dysmorphic Disorder), 낮은 자존감 등의 증상이 나타날 수 있습니다.

3) 성장판을 닫아버리는 치명적인 약물

무엇보다 성장기 아동 및 청소년에게 스테로이드는 더욱 치명적입니다. 이 약물은 뼈의 성장을 담당하는 성장판을 조기 닫히게 하여 성장장애, 저신장, 뼈 발달 지연 등 치명적인 부작용을 유발할 수 있습니다. 스테로이드 문제는 단순한 일탈이 아니라 소셜 미디어 시대의 외모지상주의와 우리 아이들의 정신 건강 문제가 결합된 복합적인 사회 현상입니다. 당장은 근육이 커져 더 강해 보이는 것 같지만 이는 아이들의 '건강하게 성장하고 발달할 권리'를 정면으로 짓밟는 행위이며, 미디어가 만든 왜곡된 이미지로부터 아이의 정신 건강을 지켜야 할 '보호권'의 문제와도 직결됩니다.

4) 해결책 : '진짜 건강함'의 가치를 함께 배우기

아이들이 왜곡된 외모지상주의와 '몸짱 약'의 유혹에 빠지지 않게

하는 가장 강력한 예방 백신은 바로 우리 어른들과 함께하는 즐거운 신체활동을 통해 '진짜 건강함'의 가치를 몸과 마음으로 배우는 것입니다.

우리 어른들은 아이들에게 '진정한 건강함'이 무엇인지 가르쳐야 합니다. 겉으로 보이는 근육의 크기나 미디어가 만들어낸 비현실적인 몸매가 아니라, 꾸준한 운동과 건강한 식습관을 통해 얻는 내면의 힘과 활력, 그리고 무엇보다 '내 몸을 아끼고 사랑하는 마음'이 진짜 건강이라는 사실을 알려주어야 합니다.

● 함께 땀 흘리는 즐거움

아이에게 운동은 '과제'가 아닌 '놀이'여야 합니다. 헬스장의 무거운 기구가 아닌, 온 가족이 함께 즐길 수 있는 활동을 통해 땀 흘리는 즐거움을 알려주세요.

● 공원 산책과 달리기

"누가 저 나무까지 먼저 갈까?" 시합을 하거나, 나뭇잎이나 돌멩이를 주우며 함께 걷는 것만으로도 훌륭한 유산소 운동이 됩니다.

● 자전거 타기, 인라인 스케이트

아이의 성취감을 높여주고 균형감각을 길러주는 최고의 가족 스포츠입니다.

● 몸으로 놀기

거실에서 아빠는 '말'이 되어 아이를 태워주고, 엄마와 함께 이불 위에서 뒹굴고 레슬링을 하는 등 스킨십이 가득한 신체 놀이는 아이의 정서적 안정감과 유대감을 높여줍니다.

● 결과가 아닌 과정을 칭찬하기

아이의 신체활동에 대해 칭찬할 때, 결과 중심적인 칭찬은 피해야 합니다. 아이의 노력과 과정, 그리고 감정을 칭찬해 주세요. "땀 흘리니까 기분이 상쾌하지?", "어제보다 자전거를 더 자신감 있게 타는구나!"와 같은 칭찬은 아이가 활동 자체의 즐거움을 느끼게 하고 건강한 자존감을 형성하도록 돕습니다.

● 건강한 역할 모델 되기

우리 어른들이 먼저 자신의 몸을 긍정하고, 운동을 즐기는 모습을 보여주는 것이 최고의 교육입니다. "엄마는 요가하고 나면 몸이 개운해져서 좋아", "아빠는 주말에 축구하고 나면 스트레스가 다 풀려"와 같이 운동이 우리 삶에 주는 긍정적인 에너지를 자주 이야기해 주세요.

이처럼 부모와 함께하는 즐거운 신체활동의 경험은 아이의 몸을 튼튼하게 할 뿐만 아니라 마음의 근육까지 단단하게 만듭니다. 미디어와 사회가 만들어낸 왜곡된 외모 기준에 아이들이 흔들리지 않도록 아이 내면의 가치를 칭찬하고 건강한 자존감을 키워주는 것이 우리 어른들의 가장 중요한 역할입니다.

물론 영유아가 이런 약물을 직접 사용하는 경우는 없습니다. 다만, 가정 내 형제, 자매, 그리고 어른들이 사용하는 것을 보고, 또 모르는 사이에 복용할 수 있으니 어른들도 신중하게 사용해야 합니다. 건강한 자존감과 자신의 몸에 대한 긍정적인 인식을 가진 아이는, 약물을 통해 얻는 '가짜 힘'의 유혹에 결코 쉽게 흔들리지 않을 것입니다. 혹시 다른 질병 때문에라도 아이가 장기 복용 중인 약이 있다면 성장판 영향 여부를 반드시 확인하세요.

8 약인가, 독인가 : 가정 내 약물 오남용의 위험

가정 상비약은 우리에게 안심을 주지만 잘못 사용하면 아이에게 가장 위험한 독이 될 수 있습니다. 특히 아이들은 어른과 달라 약물을 분해하고 배출하는 능력이 미숙하기 때문에 작은 실수도 치명적인 결과로 이어질 수 있습니다.

1) '맛있는 약'의 함정

아이들은 쓴 약을 먹기 싫어합니다. 이 때문에 많은 제약회사는 아이들이 약을 쉽게 먹을 수 있도록 딸기 맛, 포도 맛 등 달콤한 맛을 첨가하고, 아이들이 좋아하는 캐릭터나 젤리 모양으로 약을 만듭니다. 이는 분명 약을 먹여야 하는 상황에서는 도움이 됩니다.

하지만 문제는 여기서부터 시작됩니다. 아이의 뇌는 '약=맛있는 간식'이라는 위험한 공식을 학습하게 됩니다. 약에 대한 경계심이 사라진 아이는 어른이 보지 않는 틈을 타 약을 간식처럼 한꺼번에 여러 개 먹는 위험한 행동을 할 수 있습니다. 이는 심각한 급성중독으로 이어질 수 있으며 아이의 생명을 위협하는 응급상황을 초래합니다.

2) 진짜 같은 가짜 : 모방 디자인 제품의 위협

최근에는 세제, 방향제, 바디워시 같은 생활화학제품을 아이들이 좋아하는 우유, 주스, 젤리 등 식품과 거의 똑같은 모양과 포장으로 만드는 '모방 디자인(카피캣)' 제품들이 늘어나고 있습니다.

아이들은 아직 글자를 읽지 못하고 시각적인 정보에 크게 의존합니다. 아이의 눈에 바나나우유 모양의 바디워시는 그저 '맛있는 우유'일 뿐입니다. 호기심에 뚜껑을 열어 마시는 순간, 화학물질이 식도를 타고 넘어가 심각한 내부 장기 손상이나 중독을 일으킬 수 있습니다. 이는 아이의 안전을 고려하지 않은 어른들의 무책임한 상술이 아이의 '안전할 권리'를 얼마나 심각하게 위협하는지를 보여주는 단적인 예입니다.

따라서 가정 내 모든 약품과 화학제품은 반드시 아이의 손이 닿지 않는 높은 곳이나 잠금장치가 있는 곳에 보관해야 합니다. 그리고 아이에게는 '엄마, 아빠가 주는 것 외에는 절대 함부로 입에 넣으면 안 된다'는 원칙을 반복적으로, 그리고 단호하게 알려주어야 합니다.

카피캣 제품들 | 구글 이미지 검색

3) '순하다'는 거짓말 : 유아 화장품 속 유해 물질

최근 어른들처럼 화장하고 싶어 하는 아이들을 위한 '키즈 코스메틱(어린이용 화장품)' 시장이 급격히 커지고 있습니다. 알록달록한 매니큐어, 반짝이는 립글로스, 귀여운 캐릭터가 그려진 선쿠션은 아이들의 호기심을 자극하고, 우리 어른들은 '아이들용이니 안전하겠지'라는 생각에 쉽게 지갑을 엽니다. 하지만 아이의 피부는 결코 어른 피부의 축소판이 아닙니다. 이 사실을 간과하는 순간, '순하다'는 마케팅 문구는 아이의 건강을 위협하는 거짓말이 될 수 있습니다.

● 어른과 다른 아이의 피부

아이의 피부는 어른보다 훨씬 얇고 연약합니다. 피부 가장 바깥에서 보호막 역할을 하는 각질층이 미성숙하여 외부 화학물질이 몸속으로 훨씬 쉽게 흡수됩니다(경피 흡수). 또한 아이는 체중에 비해 피부 면적이 넓어 같은 양의 유해 물질에 노출되더라도 그 타격이 훨씬 더 큽니다. 간이나 신장 같은 해독 기관의 기능도.아직 미숙하여 몸에 들어온 화학물질을 배출하는 능력도 현저히 떨어집니다.

● 우리 어른들이 주의해야 할 유해 의심 성분

아이들의 시선을 사로잡는 화려한 색상과 달콤한 향기 뒤에는, 다음과 같은 유해 의심 성분들이 숨어있을 수 있습니다.

▶ 인공색소(Artificial Colors) : '황색 ○호', '적색 ○호' 등으로 표기되는 인공색소입니다. 일부 타르 색소는 알레르기 반응이나 아토피 피부염을 유발하거나 악화시킬 수 있으며, 신경계에 영향을

줌으로써 과잉행동(hyperactivity) 및 주의력결핍 과잉행동장애(ADHD)와도 상관이 있다는 연구 결과가 꾸준히 보고되고 있어 각별한 주의가 필요합니다(Arnold, Lofthouse & Hurt, 2012).

▶ 인공(합성) 향료 : '향료(fragrance/ parfum)'라고만 표기되는 성분 뒤에는, 알레르기나 호흡기 질환을 유발할 수 있는 수십 가지의 화학물질 조합이 숨겨져 있을 수 있습니다.

▶ 파라벤, 페녹시에탄올 등 방부제 : 화장품이 상하는 것을 막기 위해 사용되지만 피부 자극을 유발하거나 몸의 호르몬 체계를 교란하는 내분비계 교란 물질로 의심받기도 합니다.

▶ 계면활성제(화장품/ 세정제 등) : SLS(Sodium Lauryl Sulfate), SLES 등의 성분은 거품을 내거나 세정력을 높이지만 피부·점막 자극, 장기 노출 시 피부장벽 약화가 우려됩니다. 따라서 무향·무자극 표시 제품 선택을 권장합니다.

▶ 플라스틱 미세입자(micro biz) : 보통 폴리에틸렌, 폴리프로필렌 등으로 표시하며 스크럽제, 치약, 샴푸 등에 사용합니다. 피부 자극 및 바다 등 환경오염에 심각한 원인이 되며 식수로 유입되어 인체 악영향에 대한 우려가 높습니다.

▶ 기타 주의 성분

- 트리클로산 : 항균 비누/ 치약에 포함, 내분비계 교란·항생제 내성 유발
- 포름알데히드 유도체 : 네일, 헤어제품 방부제로 사용, 암 유발 가능성, 알레르기·피부염 유발
- 프탈레이트(Phthalates) : 향, 플라스틱 완화제 등에 포함, 생식기능 저하, 호르몬 장애 우려

• BHA/ BHT : 산화방지제(과자, 식품, 화장품), 장기 노출 시 간독성·발암 가능성

아이들의 화장 놀이

어린이 화장품

4) 해결책 : '진짜 아름다움'을 가르치는 지혜

아이를 화학물질의 위험으로부터 지키고, 건강한 자존감을 가진 사람으로 키우기 위해 우리 어른들은 다음과 같은 지혜를 발휘해야 합니다.

● 최대한 늦게, 최소한으로

색조 화장은 아이에게 필수품이 아닙니다. 노출되는 시기는 최대한 늦추고, 사용 횟수는 최소화하는 것이 가장 안전합니다. 아이의 맨 얼굴이 세상에서 가장 아름답다는 사실을 자주 이야기해 주세요.

● 성분표 확인하기

꼭 사용해야 하는 제품(로션, 선크림 등)이라면, 반드시 전성분을 확인하는 습관을 들여야 합니다. 불필요한 색소나 향료가 없는, 최대한 단순한 성분으로 이루어진 제품을 선택하는 것이 현명합니다.

● '진짜 아름다움'에 대해 대화하기

아이가 "예뻐지고 싶다"고 말할 때, 대화의 방향을 바꿔주세요. "화장을 해야 예쁜 게 아니야. 환하게 웃는 모습이 정말 예쁘고, 친구에게 친절하게 말하는 마음씨가 너를 아름답게 만든단다." 이처럼 외적인 모습이 아닌, 내면의 가치와 건강함이 진짜 아름다움이라는 것을 꾸준히 알려주어야 합니다. 이 부분은 유아를 위한 영상물과도 깊은 관련이 있습니다. 디즈니풍 애니메이션에 등장하는 캐릭터, 바비인형의 우상화 등과 관련이 있습니다. 이 내용은 행위 중독에서 좀 더 자세히 다루도록 하겠습니다.

● 안전한 놀이로 대체하기

화장 놀이를 하고 싶어 하는 아이의 마음을 무조건 막기보다는 안전한 대안을 제시해 주세요. 밀가루나 전분가루를 파우더처럼 사용하게 하거나, 물로 쉽게 지워지는 무독성 페이스페인팅 물감을 소량만 사용하여 특별한 날에만 즐기는 놀이로 만들어주는 것이 좋습니다.

결론적으로, 아이의 피부에 무언가를 바르는 행위는 아이의 '건강권'과 직결되는 문제입니다. '어린이용'이라는 이름표가 안전을 보장해 주지는 않습니다. 우리 어른들의 현명한 선택과 지도가 아이를 불필요한 화학물질의 위험으로부터 지키는 것은 우리 어른들의 가장 튼튼한 '안전 울타리'가 됩니다.

9 집 안에 숨어있는 화학적 덫 : 흡입제의 위험

마약이나 약물과 달리 우리 집 서랍이나 팬트리에서 쉽게 발견할 수 있는 화학제품들이 아이들에게는 치명적인 환각제가 될 수 있습니다. 바로 본드, 부탄가스, 래커, 스프레이 페인트 등에 포함된 흡입제(Inhalants)입니다.

1) 값싼 환각, 영구적인 뇌 손상

이러한 제품에 포함된 톨루엔, 부탄 등의 휘발성 유기용매는 코나 입을 통해 흡입하면 뇌에 직접 작용하여 아주 빠르고 값싸게 환각 상태를 유발합니다. 하지만 그 대가는 끔찍합니다. 이 화학물질들은 뇌세포를 감싸고 있는 지방질을 녹여버려, 뇌세포 자체를 영구적으로 파괴합니다(Levin,& Hatfield, 2018; NIDA, 2023). 이는 마치 컴퓨터의 하드디스크를 물리적으로 긁어내는 것과 같습니다. 반복적인 흡입은 기억력 감퇴, 학습 능력 저하, 언어장애, 운동 능력 상실 등 회복 불가능한 뇌 손상으로 이어집니다. 또한 심장 부정맥을 유발하여 급사에 이를 수 있으며 질식의 위험도 매우 높습니다(Kurtzman, Otsuka & Wahl, 2001).

2) 호기심과 안전교육의 중요성

호기심으로 시작된 흡입제 사용은 아이의 뇌에 영구적인 손상을 남겨 온전한 정신과 신체로 살아갈 아이의 '생존권'과 잠재력을 펼칠 '발달권'을 회복 불가능한 수준으로 파괴하는 치명적인 행위입니다. 주로 청소년들의 비행 문제로 여겨지지만, 이러한 물질들이 얼마나 위험한지에 대한 교육은 어릴 때부터 시작되어야 합니다. "이건 우리 몸을 아주 아프게 하는 나쁜 냄새야. 절대 코에 대고 냄새를 맡으면 안 돼"라는 명확하고 단호한 안전교육은 아이의 호기심이 위험한 행동으로 이어지는 것을 막는 중요한 '안전 울타리'가 됩니다.

가정 내 모든 화학제품을 아이의 손이 닿지 않는 곳에 안전하게 보관하는 물리적 노력과 함께, 아이에게 '우리 몸에 들어가도 되는 것'과 '절대 안 되는 것'을 명확히 구분해 주는 교육적 노력이 반드시 병행되어야 합니다.

(10) 웃음 뒤의 질식 : 해피벌룬(아산화질소)의 위험

최근 축제나 유흥가를 중심으로 젊은 층 사이에서 급속도로 퍼지고 있는 '해피벌룬'은 그 이름이 주는 가볍고 즐거운 어감과는 정반대로 우리 뇌와 신경계를 파괴하는 치명적인 독이 될 수 있습니다. 유럽 마약·마약중독감시센터(EMCDDA) 연구 보고서에 따르면 유럽에서 '웃음가스'로 불리는 아산화질소를 오락 용도로 흡입하는 젊은 층이 증가하면서 중독 사례도 늘고 있습니다. 영국에서는 16~24세 젊은 층이 대마초에 이어 두 번째로 많이 사용하는 중독성 물질이 됐다고 합니다.

1) 의료용 가스와 파티용 환각제, 그 두 얼굴

아산화질소(N_2O)는 본래 치과나 산부인과 등에서 사용하는 의료용 보조 마취제, 혹은 휘핑크림을 만들 때 사용하는 식품첨가물입니다. 이처럼 합법적인 용도 때문에 많은 사람이 그 위험성을 간과하고 '잠깐 즐기는 유흥거리' 정도로 가볍게 생각하는 경향이 있습니다.

사용자들은 풍선에 담긴 아산화질소 가스를 흡입했을 때 나타나는 1~2분 남짓의 짧은 시간 동안 몽롱하고 어지러우며 몸이 붕 뜨는 듯한 느낌을 즐깁니다. 얼굴 근육이 이완되어 웃는 것처럼 보이기도 하는데, 이것이 '해피벌룬'이라는 이름의 유래입니다. 흡입했을 때 환각작용을 일으키기 때문에 '유사 마약'[5]으로 여겨지고 있습니다. 문제는 이 짧은 쾌감을 반복하기 위해 수십 개의 풍선을 연달아 흡입하게 되고 바로 이 과정에서 우리 몸은 돌이킬 수 없는 손상을 입게 된다는 점입니다.

2) 뇌의 산소를 빼앗고 신경을 파괴하다

아산화질소가 우리 몸에 미치는 가장 치명적인 작용은 두 가지입니다.

첫째, 뇌의 산소를 빼앗습니다. 풍선을 통해 순수한 아산화질소를 들이마시는 동안 아산화질소가 혈액에 녹아들어 헤모글로빈의 산소포화도를 낮춥니다. 따라서 우리 폐와 뇌에는 생명 유지에 필수

5 국내에서는 2017년 8월부터 환각물질로 지정되었습니다(아시아경제, 2023).

적인 산소가 공급되지 않습니다. 이는 일시적인 저산소증(Hypoxia) 상태를 유발하며, 반복될 경우 뇌세포에 직접적인 손상을 입히고 심하면 의식 불명이나 질식으로 인한 사망에 이를 수도 있습니다.

둘째, 신경세포의 보호막을 파괴합니다. 아산화질소는 우리 몸속에서 신경 기능을 유지하는 데 필수적인 비타민 B12를 비활성화시킵니다. 비타민 B12는 신경세포를 감싸는 보호막인 '수초(Myelin Sheath)'를 건강하게 유지하는 역할을 합니다. 이 보호막이 파괴되면, 마치 전선의 피복이 벗겨져 합선이 일어나듯 신경 신호 전달에 심각한 문제가 발생합니다. 베트남에서 10대 소녀가 환각작용을 일으키는 이른바 '해피벌룬'을 10일 연속 즐기다 신체마비 증상으로 병원에 실려 갔는데, 정밀검사 결과 척수가 손상되는 일이 발생하기도 했습니다(허미담, 2023).

3) 웃음의 대가 : 영구적 손상으로 가는 길

신경계 손상은 초기에는 손발이 저리거나 감각이 둔해지는 가벼운 증상으로 시작됩니다. 하지만 아산화질소 남용이 계속되면 증상은 걷잡을 수 없이 악화됩니다.

- ▶ 초기 증상 : 손발 저림, 따끔거림, 감각 저하
- ▶ 악화 시 : 균형감각 상실, 보행장애(술 취한 사람처럼 비틀거리며 걷게 됨), 근력 약화, 기억력 감퇴
- ▶ 심각 단계 : 사지 마비로 인한 보행 불능, 대소변 조절장애, 정신착란 등 영구적인 뇌신경 손상

한순간의 웃음을 위해 평생을 휠체어에 의지하거나 기저귀를 차고 살아야 하는 끔찍한 대가를 치를 수 있는 것입니다. 정부는 이러한 위험성 때문에 아산화질소를 '환각물질'로 지정하여 흡입을 엄격히 금지하고 있지만, 인터넷을 통한 불법 유통은 막기 어려운 실정입니다.

4) 우리 어른들의 역할 : 보이지 않는 위험에 대한 경계

영유아가 직접 해피벌룬을 접할 가능성은 낮습니다. 하지만 중요한 것은 우리 아이들이 성장하며 마주할 세상에 이처럼 '가볍고 즐거워 보이는' 위험들이 너무나 많이 퍼져있다는 사실입니다.

우리 어른들은 이러한 신종 유해 물질의 위험성을 먼저 정확히 알고, 아이들에게 '세상에 공짜 즐거움은 없다'는 사실을 가르쳐야 합니다. 순간의 쾌락을 위해 건강과 생명이라는 가장 소중한 것을 담보 잡는 것이 얼마나 어리석고 위험한 일인지를 아이들의 삶 속에서 지속적으로 이야기해 주어야 합니다. 이는 아이들이 유해한 환경 속에서도 스스로를 지켜낼 수 있는 분별력과 판단력을 길러주는 것이며, 아이들의 '보호권'을 지켜주는 우리 어른들의 중요한 책무입니다.

지금까지 우리는 물질 중독의 다양한 형태와 그 뿌리를 살펴보았습니다. 다음 장에서는 눈에 보이지 않기에 더 교묘하게 우리 아이들의 삶을 파고드는 '행위 중독'의 세계로 넘어가 보겠습니다.

중독의 종류 | 당신은 무엇에 '중독'되어 있나요?(하이닥 뉴스, 2014. 05. 23. 저자 재구성)
https://news.hidoc.co.kr/news/articleView.html?idxno=2312

2장

행위 중독(Behavioral Addiction) : 쾌락의 쳇바퀴에 갇힌 마음

물질 중독이 외부의 화학물질에 의해 뇌가 납치당하는 것이라면 행위 중독은 우리 자신의 '행동'이 만들어내는 쾌락의 쳇바퀴에 스스로 갇히는 것입니다. 그 근원에는 1부에서 살펴보았듯, 건강한 관계로 채워지지 못한 아이의 텅 빈 '정서적 컵(Emotional Cup)'이 자리하고 있는 경우가 많습니다. 뇌는 이 공허함을 견디지 못하고, 특정 행동이 주는 즉각적인 위안에 의존하게 되는 것입니다. 행위 중독은 특정 물질이 아닌, 어떤 행동을 할 때 느끼는 쾌감이나 즐거움, 혹은 불안감 해소에 의존하게 되는 상태입니다. 뇌는 그 행동과 그로 인해 분비되는 도파민의 강렬한 연관성을 기억하고 계속해서 그 행동을 하도록 우리를 부추깁니다.

이 장에서는 우리 아이들의 일상에 가장 깊숙이 파고든 다양한 행위 중독의 실체를 하나씩 살펴보고자 합니다. 손안의 작은 스크린이 아이의 뇌와 발달 기회를 빼앗는 스마트폰 중독부터, 가상 세계의 레벨업에 현실의 삶을 저당 잡히는 게임 중독, 소유의 쾌락으로 공허한 마음을 채우려는 쇼핑 및 캐릭터 중독, 그리고 왜곡된 관계의 교과서가 되는 음란물 중독, 나아가 음식과의 관계가 어긋나는 섭식 문제와 특정 친구에게 과도하게 집착하는 관계 중독의 초기 모습까지 아우를 것입니다.

● 미디어/ 디지털 중독

영유아기에 가장 심각하게 나타나는 행위 중독입니다. 스마트폰 영상 시청, 게임 등은 적은 노력으로 즉각적이고 강렬한 시청각적 쾌감을 제공합니다. 예측 불가능한 보상(다음에 어떤 영상이 나올지 모르는 기대감)은 뇌를 더욱 강력하게 자극하여, 전문가들이 '디지털 마약'이라고 부를 만큼 중독성이 강합니다.

● 쇼핑/ 소비 중독(캐릭터 상품 집착)

아이들의 경우 특정 캐릭터의 장난감이나 상품을 끊임없이 소유하려는 집착으로 나타날 수 있습니다. 새로운 상품을 얻는 순간의 기쁨에 의존하게 되며, 이는 놀이의 즐거움보다 소유의 쾌락을 우선시하게 만듭니다.

● 과식/ 탐닉 행위

특정 음식(주로 단 음식, 패스트푸드)을 먹는 '행위' 자체에서 위안을 얻는 경우입니다. 이는 물질 중독과 행위 중독의 특징을 모두 가집니다. 배가 고프지 않아도 스트레스를 받거나 지루할 때 특정 음식을 찾는 행동이 여기에 해당합니다.

● 음란물 중독

음란물을 시청하는 행위가 뇌의 보상회로를 강렬하게 자극하여 그 행위 자체에 강박적으로 의존하게 되는 상태를 말합니다. 이는 특정 물질 없이도 뇌에 강력한 쾌감을 유발하고 내성 및 금단 증상을 동반할 수 있어 다른 중독과 동일한 메커니즘으로 작동합니다.

● 기타(성인에게 주로 해당)

일 중독, 운동 중독, 관계 중독 등도 행위 중독의 일종입니다. 어른들의 이러한 중독은 아이를 돌볼 시간과 에너지, 정서적 여유를 빼앗아 아이의 건강한 관계 형성을 방해하는 심각한 원인이 될 수 있습니다.

이 모든 행위들은 겉모습은 다르지만, 결국 아이의 건강한 성장을 방해하고 마음을 병들게 한다는 공통점을 가집니다.

1 스마트폰 중독 : 디지털 세상에 빼앗긴 아이들

우리 손안의 작은 네모 상자, 스마트폰은 인류의 삶을 혁신적으로 바꾼 위대한 발명품입니다. 하지만 이 위대한 발명품은 동시에 인류 역사상 가장 강력한 '중독의 도구'가 되어 우리 아이들의 뇌와 마음, 그리고 미래를 위협하고 있습니다.

1) 디지털 네이티브, 다른 세상에 태어난 아이들

우리 어른들이 스마트폰 중독 문제를 다룰 때 가장 먼저 인정해야 할 사실이 있습니다. 바로 우리 아이들은 우리와 전혀 다른 세상에 태어났다는 점입니다. 우리 어른들이 아날로그 세상에서 태어나 디지털 세상으로 이주한 '디지털 이주민(Digital Immigrants)'이라면, 우리 아이들은 태어나는 순간부터 와이파이와 스크린에 둘러싸여 자라나는 '디지털 원어민(Digital Natives)'입니다.

사진 | SlashGear(https://www.slashgear.com/babys-first-ipad-24121114/)

그들에게 디지털 세상은 특별한 공간이 아닌, 현실 세계와 완벽하게 통합된 삶의 일부입니다. 그렇기에 "스마트폰 하지 마!"라는 우리의 금지는 마치 "숨 쉬지 마!"처럼 들릴 수 있습니다. 이 근본적인 차이를 인정하는 것에서부터 우리의 역할이 시작됩니다. 우리는 과거의 규칙을 강요하는 '감시자'가 아니라, 새로운 세상의 위험과 가능성을 함께 탐험하며 길을 안내하는 '미디어 멘토(Media Mentor)'가 되어야 합니다.

2) 세상에서 가장 완벽한 중독 기계

왜 스마트폰은 그토록 강력한 중독성을 가질까요? 앞서 '공부에는 왜 중독되지 않을까?'에서 살펴보았던 중독의 세 가지 조건을 스마트폰은 가장 완벽하게 충족시키기 때문입니다.

● 즉각적이고 강렬한 쾌락

화면을 터치하는 순간, 아이의 눈앞에는 화려한 색감과 신나는 소리, 예측 불가능한 이야기가 펼쳐집니다. 아이는 아무런 노력 없이 즉각적으로 강렬한 시청각적 쾌감을 얻습니다.

● **최소한의 노력(수동성)**

아이는 그저 가만히 앉아 손가락만 까딱하면 됩니다. 스스로 생각하고, 상상하고, 몸을 움직여야 하는 현실의 놀이와 달리 스마트폰은 모든 즐거움을 수동적으로 받아들이게 합니다. 뇌는 힘든 일을 싫어하고, 가장 쉬운 길을 선택하려는 본능이 있습니다.

● **부정적 피드백의 부재**

영상을 보는 동안 아이는 어떤 좌절이나 스트레스도 겪지 않습니다. 오히려 즐거움만 계속됩니다. 시력이 나빠지거나 뇌 발달이 저해되거나, 사회성이 떨어지는 등의 부정적인 결과는 아주 오랜 시간 뒤에 나타나기에 아이의 뇌는 그 위험을 전혀 인지하지 못합니다.

이 완벽한 세 가지 조건의 조합은 아직 '브레이크 없는 자동차'와 같은 우리 아이들의 뇌가 도저히 저항할 수 없는 강력한 유혹이 됩니다.

● **1분의 유혹, 10초의 쾌락 : 뇌를 망가뜨리는 숏폼(Short-form)**

최근 디지털 콘텐츠의 소비 방식은 '숏폼(유튜브 쇼츠, 틱톡, 인스타그램 릴스 등)'이라는 형태로 급격하게 재편되고 있습니다. 1분 이내, 심지어 10~15초 안에 모든 기승전결과 자극적인 재미를 압축해 보여주는 이 짧은 영상들은 아직 발달 중인 우리 아이들의 뇌에 그 어떤 미디어보다 치명적인 영향을 미칩니다(질병관리청 국가건강정보포털, n.d).

▶ 팝콘 브레인(Popcorn Brain)의 가속화 : 팝콘이 '펑!' 하고 터지듯, 즉각적이고 강렬한 자극에만 뇌가 반응하고 일상적인 느린 자극에는 무감각해지는 현상을 '팝콘 브레인'이라고 합니다. 숏폼은 이러한 현상을 극단적으로 가속화합니다. 10초마다 새로운 주제와 화려한 효과음으로 뇌를 끊임없이 폭격하기 때문에 아이의 뇌는 더 이상 30분짜리 애니메이션의 서사를 따라가거나, 10분간의 그림책 읽기에 집중하는 것을 견디지 못하게 됩니다.

▶ 뇌활성화 및 사고력 저하 : 쇼츠를 볼 때 뇌활성화도가 떨어집니다. 뇌가 적극적으로 생각하거나 내용을 기억하려 하지 않고, 마치 '불멍'을 때리듯이 수동적으로 영상을 보게 됩니다. 이는 뇌가 정보를 능동적으로 처리하고 학습하는 기회를 빼앗습니다. 쇼츠는 짧고 자극적인 정보들로 구성되어 있어, 보고 나서 기억에 남는 내용이 현저히 적습니다. 기억을 하더라도 매우 파편화되고 피상적인 정보만 남는 경우가 많아, 정보를 잘못 기억하거나 왜곡해서 받아들일 위험도 있습니다. 또한 유아기 자녀가 정보를 맹목적으로 받아들이게 만들고, 무엇이 진실인지 누구를 믿어야 하는지 판단하는 데 어려움을 겪게 할 수 있습니다. 이는 종합적인 사고력 발달에 방해가 됩니다.

▶ 문해력(Literacy)의 저하 : 숏폼은 긴 글을 읽고, 맥락을 파악하며 숨겨진 의미를 추론하는 능력을 필요로 하지 않습니다. 모든 것이 직관적이고 표면적입니다. 이러한 콘텐츠에 익숙해진 아이는 훗날 글자가 많은 교과서를 읽고 그 의미를 이해하는 데 심각한 어려움을 겪을 수 있습니다. 이는 아이의 학습 능력과 직결되는 매우 중요한 문제입니다.

● 뇌과학으로 본 숏폼 : 생각의 근육을 마비시키다

숏폼의 중독성은 단순히 재미있어서가 아닙니다. 이는 우리 뇌의 작동 방식을 교묘하게 파고드는 정교한 뇌과학적 설계의 결과입니다.

- 도파민의 예측 불가능한 보상 : 숏폼 플랫폼의 '무한 스크롤' 기능은 카지노의 슬롯머신과 정확히 같은 원리로 작동합니다. 화면을 위로 올리는 순간(레버를 당기는 순간), 다음에 어떤 재미있는 영상(대박)이 나올지 예측할 수 없습니다. 이러한 예측 불가능한 보상은 뇌의 도파민 시스템을 가장 강력하게 자극하며, "이번엔 더 재미있는 게 나올 거야!"라는 기대로 스크롤을 멈추지 못하게 만듭니다.
- 주의력 전환의 과부하 : 우리의 뇌는 한 가지에 깊이 집중하는 '집중 주의력'과 여러 자극 사이를 빠르게 오가는 '전환 주의력'을 사용합니다. 숏폼은 10초마다 주제를 바꾸며 전환 주의력을 극단적으로 사용하게 만듭니다. 이 과정이 반복되면, 뇌는 깊이 생각하고 몰입하는 '집중 주의력'을 사용하는 방법을 잊어버리게 됩니다. 즉, 뇌의 생각하는 근육(전두엽)은 약해지고, 자극에 즉각적으로 반응하는 반사신경(변연계)만 발달하는 뇌 구조의 불균형을 초래합니다.
- 인지적 과부하와 피로 : 짧은 시간 안에 수많은 영상 정보를 처리해야 하는 뇌는 극심한 '인지적 과부하(Cognitive Overload)' 상태에 빠집니다. 겉으로는 즐거워 보이지만 뇌는 정보를 깊이 있게 처리하지 못하고 표면적으로만 훑으며 엄청난 에너지를 소

모합니다. 숏폼을 보고 난 뒤 머리가 멍해지고 피곤함을 느끼는 이유가 바로 이 때문입니다. 이는 아이의 뇌가 새로운 것을 배우고 저장하는 데 써야 할 소중한 에너지를 고갈시키는 행위입니다.

● 영상 없이는 밥을 안 먹는 아이 : 식탁 위의 디지털 마취제

많은 부모님들이 가장 힘들어하는 고민 중 하나가 바로 식사 시간입니다. 아이가 밥을 잘 먹지 않을 때, 스마트폰으로 영상을 보여주는 것은 너무나 쉽고 효과적인 해결책처럼 보입니다. 아이는 영상에 정신이 팔린 사이 기계적으로 입을 벌려 밥을 삼킵니다. 하지만 이 '디지털 마취제'는 아이의 건강한 식습관 형성에 두 가지 치명적인 독으로 작용합니다.

- ▶ 미각 발달의 기회를 박탈 : 식사는 단순히 배를 채우는 행위가 아닙니다. 음식의 다양한 맛과 향, 식감을 느끼고, 꼭꼭 씹으며 소화 효소가 작용하는, 우리 몸의 중요한 학습 과정입니다. 하지만 영상에 집중하는 동안 아이의 뇌는 음식의 맛을 제대로 인지하지 못합니다. 아이는 자신이 무엇을 먹고 있는지, 배가 부른지 고픈지조차 느끼지 못한 채 수동적으로 음식을 받아 삼킬 뿐입니다. 이는 건강한 식사 습관의 토대를 무너뜨리고, 훗날 편식이나 과식, 소아비만으로 이어질 수 있습니다.
- ▶ 잘못된 보상회로를 강화 : 아이의 뇌는 '밥 먹는 즐거움'이 아닌 '영상을 보는 즐거움'을 위해 밥을 먹게 됩니다. '식사'와 '쾌락(영상)'이 잘못 연결되는 것입니다. 결국 아이는 영상이라는 보상이 없

으면 밥을 먹어야 할 내적 동기를 전혀 찾지 못하게 되고, 식사 시간은 영상 없이는 불가능한 전쟁터가 되어버립니다.

따라서 식사 시간에는 '스크린 프리(Screen-Free)' 원칙을 단호하게 지키는 것이 매우 중요합니다. 당장은 아이가 저항하고 밥을 먹지 않아 힘들 수 있습니다. 하지만 이 과정을 견뎌내고 아이가 음식 자체의 즐거움을 배우게 하는 것이, 아이의 평생 건강권을 지켜주는 우리 어른들의 책임감 있는 선택입니다. 또한 일정한 심의를 거쳐 송출하는 비교적 안전한 미디어를 제공해 주는 것이 좋습니다.

● 당신의 아이는 무엇을 보고 듣고 있나요?

L사가 최초로 론칭한 어린이 전용 채널에서 재미있는 실험을 한 적이 있습니다. 5세 아동의 3D 모델과 음성 AI 모델(2)을 제작, 이들 AI에게 서로 다른 유형의 영상을 8주 동안 학습시키는 방식으로 진행한 국내 최초 시도입니다(SBS story, 2020). AI는 '가람이'라는 실제 아이를 모델로 제작되었습니다. 이후 한 가람이에게는 연령에 맞는 미디어를 보여주고 다른 가람이에게는 유튜브 같은 연령에 맞지 않은 콘텐츠를 보여주었습니다. 2개월 후 2명의 인공지능 가람이는 어떻게 변했을까요?

말하지 않아도 모두 예측할 수 있을 것입니다. 연령에 맞는 콘텐츠를 본 AI는 아주 사랑스러운 평범한 아이처럼 보였습니다. 반면, 무분별하고 자극적인 영상 콘텐츠에 노출된 AI는 짜증 섞인 표현, 무관심하거나 공격적인 반응, 성인이 사용하는 부적절한 언어(비속어) 등을 사용하는 경향을 보였습니다. 이 실험은 아동이 시청하는 영상 콘텐츠가 언어 습관과 정서 표현에 어떤 영향을 주는지를 시사하는 중요한 단서를 제공했습니다. 아이들에게 단순히 '양질의 콘텐츠' 제공을 강조하는 것만으로는 부족하며, 영상 내용의 선정이 매우 중요하다는 사실을 일깨워 줍니다.[6]

우리 아이들은 언제든 리셋하고 다시 학습시킬 수 있는 인공지능 가람이가 아닙니다. 영유아기에 뇌에 한번 새겨진 경험과 자극의 흔적은 인공지능의 코드를 삭제하듯 쉽게 지워지지 않습니다. 아이의 뇌 발달은 돌이킬 수 없는 단 한 번의 '생방송'과 같습니다.

우리 어른들의 손에 들린 리모컨과 스마트폰은 단순한 기계가 아닙니다. 그것은 아이의 인격과 가치관, 그리고 미래를 조각하는 가장 강력한 도구입니다. 아이에게 무엇을 보여주고 들려줄지 선택하는 우리의 작은 행동 하나하나가 아이의 뇌에 어떤 길을 내고 어떤 지도를 그려줄지를 결정하는 것입니다.

이는 우리 아이가 유해한 정보로부터 '보호받을 권리'와 건강하게 '발달할 권리'를 지켜주는 우리 어른들의 가장 중요하고도 무거운 책무입니다.

3) 빼앗긴 뇌, 불안한 세대 : 조너선 하이트의 경고

그렇다면 이 디지털 세상은 아이들의 뇌와 마음에 어떤 영향을 미치고 있을까요? 사회심리학자 조너선 하이트(Jonathan Haidt)는 그의 저서 『불안 세대(The Anxious Generation)』에서 스마트폰의 보급으

6 실험 영상이 궁금하다면, QR코드를 통해 직접 확인해 보세요.

로 인해 인류 역사상 유례없는 거대한 심리적 변화가 일어나고 있다고 경고합니다. 그는 아이들의 성장이 '놀이 기반 아동기(Play-based childhood)'에서 '휴대폰 기반 아동기(Phone-based childhood)'로 대체되면서, 아이들이 불안과 우울에 훨씬 더 취약해졌다고 주장합니다(Jonathan, 2024).

조너선 하이트의 『불안 세대』

스마트폰에 지나치게 오래 노출되면 훗날 아이의 학업 성취도에 직접적인 영향을 미칩니다.

조너선 하이트의 경고처럼, 영유아기부터 시작된 '휴대폰 기반의 삶'은 아이들을 점점 더 불안하고 연약하며, 현실의 어려움을 견디지 못하는 세대로 만들고 있는지도 모릅니다.

옥스퍼드 대학의 연구 결과는 불안과 우울증의 높은 비율과 소셜 미디어 접속 시간 사이에 선형 관계가 있음을 보고하고 있습니다. 특히 이 정신 건강은 남학생보다 여학생에게 좀 더 취약한 것으로 나타났습니다.

● 뇌 발달의 결정적 기회 상실

아이들은 친구들과 뛰어놀고, 때로는 작은 위험을 감수하고, 갈등을 해결하는 수많은 현실 세계의 상호작용을 통해 뇌의 전두엽, 즉 자기조절력 근육을 단련합니다. 하지만 스마트폰이 제공하는 가상 세계의 안전하고 즉각적인 쾌락은 아이들에게 이 결정적인 뇌 발달의 기회를 박탈합니다.

● 학습 능력의 저하

자극적인 영상에 익숙해진 뇌는 글자가 빽빽한 책을 읽거나 복잡한 수학 문제를 푸는 등 '지루하고 노력이 필요한' 학습 활동에 집중하는 것을 매우 어려워합니다.

● 루미네이션(lumination)

문제 또는 경험에 대해 부정적으로 계속 생각하는 행동, 자신의 실수, 부정적인 사건에 지나치게 초점을 맞춰 과도하게 분석하려는 경향을 갖게 됩니다.

● 인지왜곡(Catastrophizing)

최악의 결과라고 생각하는 사고 패턴으로 이는 불안과 스트레스로 이어집니다. 이런 스트레스는 코티졸 분비를 촉진시킴으로써 우울증으로 이어질 수 있습니다.

4) 자기조절력의 상실 : 기다리지 못하고, 참지 못하는 아이들

몸으로 세상을 배우는 아이들

영유아기에 아이가 배워야 할 가장 중요한 능력 중 하나가 바로 '자기조절력(Self-Regulation)'입니다. 자기조절력이란, 자신의 감정과 욕구를 상황에 맞게 조절하고, 당장의 만족을 뒤로 미루며 더 큰 목표를 위해 기다릴 줄 아는 힘을 말합니다(wikipedia, 2025). 이는 훗날 아이의 학업 성취도, 대인관계, 그리고 삶의 성공을 예측하는 가장 중요한 지표이기도 합니다. 자기조절력은 '전두엽'이라는 뇌의 브레이크가 담당하는데, 이 브레이크는 기다림과 참아냄이라는 연습을 통해 단련됩니다(McClelland et al., 2019). 하지만 스마트폰은 아이에게서 이 결정적인 연습의 기회를 빼앗아 갑니다.

● 기다릴 필요가 없는 세상

지루할 틈도 없이 다음 영상이 자동으로 재생되고, 궁금한 것이 있으면 즉시 답을 찾을 수 있습니다. 아이는 '기다림'의 가치를 배울 필요가 없습니다.

● 참을 필요가 없는 세상

현실에서 친구와 다투거나 원하는 것을 얻지 못했을 때 느끼는 좌절감을 견디고 해결하는 대신, 스마트폰 속 가상 세계로 도피하면 그만입니다. 아이들은 불편한 감정을 참아내는 연습을 할 기회를 잃습니다.

결국 스마트폰에 과도하게 노출된 아이는 현실 세계의 사소한 불편함이나 지루함조차 견디지 못하고 쉽게 짜증을 내거나 포기하는 아이로 자라게 될 수 있습니다. 뇌의 브레이크가 단련될 기회를 놓쳐버렸기 때문입니다.

5) 빼앗긴 기회들 : 발달권의 총체적 침해

스마트폰 중독은 단순히 하나의 문제가 아니라, 아이의 총체적인 '발달권'을 침해하는 복합적인 문제입니다.

● 언어 발달의 기회

부모와 눈을 맞추고 표정을 읽으며 상호작용할 시간에 아이는 일방적인 화면과 소리에만 노출됩니다.

● 사회성 발달의 기회

친구와 함께 놀며 갈등을 해결하고, 양보하고, 협력하는 법을 배울 시간에 아이는 혼자만의 세상에 고립됩니다.

● 신체 발달의 기회

뛰어다니고, 기어오르고, 만지고, 던지며 대근육과 소근육을 발달시켜야 할 시간에, 아이는 한자리에 가만히 앉아있게 됩니다.

● 창의성 발달의 기회

텅 빈 시간을 상상력으로 채우며 자신만의 이야기를 만들어갈 시간에, 아이는 다른 사람이 만들어 놓은 이야기를 수동적으로 소비하기만 합니다.

스마트폰은 아이의 시간을 훔치는 것을 넘어, 온전한 인간으로 성장하는 데 필요한 모든 결정적인 경험의 기회를 앗아갑니다. 이는 아이가 마음껏 놀고, 관계 맺고, 상상하며 잠재력을 펼칠 '발달권'에 대한 총체적 침해입니다. 이제 우리는 이 심각한 문제에 대한 구체적이고 현실적인 해결책을 모색해야 합니다.

6) 교육현장의 디지털 놀이, 약인가 독인가?

많은 부모님들이 유아교육기관에서 이루어지는 디지털 활용 교육에 대해 우려를 표합니다. "집에서도 스마트폰 때문에 전쟁인데, 원에서까지 보여줘야 하나요?" 이는 너무나 당연하고 합리적인 걱정입니다.

하지만 우리 어른들은 '나쁜 스크린 타임'과 '좋은 스크린 타임'을 구분할 수 있는 지혜가 필요합니다.

● 나쁜 스크린 타임

아이를 조용히 시키기 위한 '디지털 쪽쪽이'로서의 역할, 혼자서 수동적으로 영상을 소비하는 것, 교육적 목적 없이 무분별하게 이루어지는 활동을 의미합니다.

● 좋은 스크린 타임

아이들이 '창작자'가 되는 경험입니다. 선생님, 친구들과 함께 태블릿으로 그림을 그려 동화책을 만들거나 식물의 성장 과정을 다 함께 검색해 보고, 멀리 있는 박물관을 탐험하는 활동이 그렇습니다. 그 외에도 교육현장에서 디지털 미디어와 AI를 활용한 놀이는 우리 아이들의 배움을 확장시켜 주고 있습니다. 이는 디지털 기기를 '소비'의 도구가 아닌 표현과 탐구, 그리고 소통의 도구로 사용하는 건강한 경험입니다.

아이들은 자아를 형성해 나가는 과정에 있습니다. 자신의 생각을 표현하고 싶은 본능을 가지고 있습니다. 자신을 표현하는 도구로서 교육 과정 안에서의 좋은 경험은 확장되어 아이들의 삶에 영향을 미칩니다. 핵심은 디지털 기기 자체가 아니라 '어떻게, 누구와, 무엇을 위해' 사용하느냐에 달려있습니다.

7) 해결책 : 건강한 '디지털 안전 울타리' 세우기

이 복잡하고 어려운 문제 앞에서 절망할 필요는 없습니다. 우리 어른들이 '미디어 멘토'로서 명확한 원칙을 가지고 꾸준히 노력한다면, 아이를 위한 튼튼한 디지털 안전 울타리를 세울 수 있습니다.

● 1단계 : 온 가족이 함께 '미디어 계획' 세우기(4W 원칙)

▶ 언제(When) : 식사 시간과 잠들기 전 1시간은 '스크린 프리 타임'으로 지정합니다.

▶ 어디서(Where) : 아이의 침실에는 스마트 기기를 두지 않습니다. 거실 등 온 가족이 함께 있는 공개된 장소에서만 사용하도록 합니다.

▶ 무엇을(What) : 아이가 볼 콘텐츠는 우리 어른들이 먼저 확인하고 허락해 줍니다. 유해 콘텐츠를 막아주는 유료 앱이나 통신사의 자녀보호 서비스를 적극 활용합니다.

▶ 누구와(With whom) : 가장 중요한 원칙입니다. 아이 혼자 보게 두지 말고, 반드시 어른과 함께 보세요. 함께 대화하고, 질문하고, 웃으면서 수동적인 소비를 능동적인 소통의 시간으로 바꿔주세요.

● 2단계 : '심심함'이라는 최고의 놀이터 돌려주기

아이가 "심심해!"라고 말할 때, 즉시 스마트폰을 건네주는 대신 텅 빈 시간을 선물해 주세요. 아이가 스스로 상상하고, 탐색하며, 자신만의 놀이를 만들어낼 때까지 기다려주는 어른의 인내가 아이의 창의력과 자기조절력을 키웁니다. 이건 하루아침에 되는 것은 아닙니다. 신생아 때부터 조금씩 조금씩 길러지는 아주 소중한 능력입니다. 그리고 부모가 최고의 놀이파트너가 되어주는 것도 아주 훌륭한 방법입니다.

● 3단계 : 물리적 대안을 풍부하게 제공하기

스마트폰보다 재미있는 것이 많다는 것을 아이가 몸으로 배우게 해야 합니다.

▶ 몸으로 놀기 : 함께 뒹굴고, 간지럼을 태우고, 공을 던지는 등 신체 접촉이 가득한 놀이는 그 어떤 영상보다 강한 유대감과 안정감을 줍니다.

▶ 자연에서 놀기 : 흙, 물, 나뭇잎, 돌멩이는 아이의 오감을 자극하는 최고의 장난감입니다. 주기적으로 아이를 자연으로 데려가 주세요.

▶ 책과 친해지기 : 잠들기 전 함께 책을 읽는 시간을 매일의 의식처럼 만들어주세요. 부모의 목소리로 듣는 이야기는 아이에게 최고의 정서적 선물이자 평생의 자산이 됩니다.

● 4단계 : 가장 강력한 무기, '어른의 모범'

결국 아이들은 우리 어른들의 등을 보고 자랍니다. 우리가 먼저 식사 시간에 스마트폰을 내려놓고, 아이와 눈을 맞추며 대화하고, 주말에는 함께 몸을 움직이며 노는 모습을 보여주어야 합니다. '온 가족 디지털 디톡스 데이'를 정해 함께 실천하는 것도 좋은 방법입니다. 우리 어른들의 변화 없이는 아이의 변화도 기대하기 어렵습니다.

셰어런팅 : 내가 만들지 않은 디지털 발자국

스마트폰 중독 문제는 비단 아이들만의 문제가 아닙니다. 우리 어른들, 특히 부모들의 스마트폰 사용 습관이 아이에게 미치는 영향을 성찰해야 합니다. 그중 하나가 바로 '셰어런팅(Sharenting)'입니다.

셰어런팅은 '공유(Share)'와 '양육(Parenting)'의 합성어로, 부모가 자녀의 사진이나 영상을 SNS에 올리는 행위를 말합니다. 아이의 사랑스러운 순간을 기록하고 공유하고 싶은 마음은 자연스럽지만, 이 행동이 아이의 '프라이버시권'과 '잊힐 권리'를 침해할 수 있다는 사실을 알아야 합니다.

아이의 동의 없이 올라간 사진은 아이가 성장했을 때 수치심이나 놀림의 대상이 될 수 있습니다. 또한 사진 속 개인정보(사는 곳, 다니는 원 등)는 범죄에 악용될 소지가 있으며, 아이의 얼굴 사진이 온라인상에서 영원히 떠돌게 됩니다.

우리 어른들은 사진을 올리기 전, 잠시 멈춰 서서 스스로에게 질문해야 합니다. "만약 내가 아이라면, 이 사진이 전 세계에 공개되기를 바랄까?" 아이는 부모의 소유물이 아닌, 고유한 인격과 권리를 가진 존재임을 항상 기억해야 합니다.

2 게임 중독 : 가상 세계의 레벨업, 현실 세계의 레벨다운

게임 중독이란 게임에 심각하게 빠져 자의에 의해 조절이 불가능할 정도의 행동 및 심리적 문제가 발생하여 게임을 하지 않고는 정상적인 일상생활의 유지가 힘든 상태(두산백과, n.d.)를 말합니다. 일부에서는 게임에 과몰입한 개인에게서 발견되는 정신적 상태의 이상증세로 보며 '게임 중독'이라는 용어를 사용하는 것에 회의적인 태도를 취하기도 합니다. 그러나 WHO(세계보건기구)에서는 스스로 게임을 끝내는 등 통제가 되지 않고 게임을 하다가 일상생활을 제대로 하지 못하게 되는 상황에도 불구하고 게임을 지속하는 기간이 12개월 이상이면 게임 중독으로 판정할 수 있음을 고지하고 있습니다(WHO, 2019).

1) 왜 게임은 영상보다 더 강력한가?

게임 개발자들은 심리학자와 뇌과학자들의 연구를 바탕으로 사용자가 게임을 멈추지 못하게 만드는 정교한 장치들을 게임 속에 숨겨 놓습니다.

스크린 속으로 빠져든 시선

● 명확한 목표와 즉각적인 보상

현실 세계의 과제는 복잡하고 결과가 불확실합니다. 하지만 게임 속에서는 '몬스터 10마리 사냥하기', '블록 3줄 없애기'처럼 목표가 매우 명확합니다. 그리고 그 목표를 달성하는 순간, '레벨업!'이라는 화려한 효과음과 함께 경험치와 아이템이라는 즉각적인 보상이 주어집니다. 뇌는 이 확실한 보상의 굴레에 기꺼이 갇히게 됩니다.

● 예측 불가능한 보상(강화 효과)

카지노의 슬롯머신이 사람들을 중독시키는 원리와 같습니다. 게임을 하다 보면 언제 '희귀 아이템'이나 '대박'이 터질지 알 수 없습니다. 이러한 예측 불가능성은 뇌의 도파민 회로를 가장 강력하게 자극하며, '이번 한 번만 더 하면 대박이 터질지도 몰라!'라는 기대로 게임을 멈추지 못하게 만듭니다.

● 성취감과 유능감

현실에서 아이는 작고 약한 존재일 수 있습니다. 하지만 게임 속에서는 몇 번의 터치만으로 강력한 전사가 되고, 멋진 도시를 건설하는 유능한 존재가 됩니다. 게임은 현실에서 채우기 힘든 '성취감'과 '유능감'을 아주 쉽고 빠르게 제공하여, 아이들이 현실의 어려움을 피해 가상 세계로 도피하게 만듭니다.

2) 현실 세계의 레벨다운 : 게임이 앗아가는 것들

가상 세계에서 아이의 캐릭터가 화려하게 레벨업 하는 동안, 현실 세계의 아이는 여러 가지 중요한 능력을 잃어버리며 '레벨다운' 될 수 있습니다.

● 현실과 가상의 경계 붕괴

아직 현실과 가상을 명확히 구분하는 능력이 미숙한 영유아들에게 게임 속 세상은 또 하나의 현실처럼 느껴질 수 있습니다. 게임에서처럼 문제가 생겼을 때 소리를 지르거나 폭력적인 방식으로 해결하려 하거나 모든 것을 '성공/ 실패'의 이분법으로만 판단하려는 경향을 보일 수 있습니다.

● 공격성 증가와 공감 능력 저하

모든 게임이 폭력적인 것은 아닙니다. 하지만 대부분의 게임은 '경쟁'과 '파괴'를 통해 목표를 달성하는 구조를 가지고 있습니다. 이러한 자극에 반복적으로 노출된 아이는 타인의 고통에 둔감해지고 갈등 상황에서 타협이나 대화보다 공격적인 방식을 먼저 사용하려는 성향을 보일 수 있습니다. 이는 타인의 입장을 헤아리는 '공감 능력' 발달에 심각한 저해 요소가 됩니다.

● 시간과 기회의 상실

이는 모든 중독의 공통점이지만 능동적으로 참여해야 하는 게임은 수동적인 영상 시청보다 훨씬 더 많은 인지적 에너지를 소모시킵니다. 게임에 몰두하는 동안 아이들은 신체활동, 사회적 상호작용, 학습 등 현실 세계에서 마땅히 누려야 할 '발달권'의 기회를 총체적으로 상실하게 됩니다.

● 이코노미클래스 증후군

한국컴퓨터생활연구소 어기준 소장은 게임 관련 사망 원인 중 하나로 이코노미클래스 증후군을 꼽고 있습니다(최성열, 2015). 이코노미클래스 증후군이란 좁은 비행기 안에서 장시간 움직이지 않고 있을 때 생기는 현상으로, 혈액순환이 되지 않아 다리에서 혈전이 만들어지고 이 혈전이 혈관을 타고 돌다가 폐혈관을 막는 현상입니다(대웅제약, 2019).

● 신체적인 무리

한 자세로 장시간 유지하게 되는 경우가 발생하는데, 특히 목과 척추에 압박이 가해져 디스크를 유발할 수 있습니다. 구부정한 등과 거북목, 의자 끝에 엉덩이를 걸친 채 앉아 있는 듯한 자세 등은 척추를 일자로 만들어 충격을 흡수하는 능력을 떨어뜨립니다. 또한 눈 건강을 저해하며 시력 감퇴의 원인이 됩니다. 컴퓨터 화면이나 스마트폰 화면을 장시간 주시하게 되면 수정체 두께를 조절하는 모양체 근육이 지속적인 긴장 상태로 있게 되면서 과도한 피로가 누적되어 초점을 조절하는 기능에 이상이 생기며 노안을 앞당기는 원인이 될 수 있습니다. 유광선 블루라이트도 눈의 피로를 더하는 주범이며, 스크린에 집중한 탓에 눈의 깜박임이 줄어들어 눈물막 형성이 감소되어 안구건조증을 유발하는데, 안구건조는 각종 염증과 안질환을 유발할 수 있습니다.

● 뇌의 구조적 문제점

정신의학 개척자들(Frontiers in Psychiatry)에서 2017년 게임 중독과 관련한 자기공명영상(MRI) 분석 결과를 발표했는데, 게임 중독 시 뇌의 구조와 기능적 이상이 생긴다고 밝혔습니다. 또한 벨기에의 연구진은 14세 청소년 154명의 뇌를 촬영했는데, 일주일에 9시간 이상 게임을 한 청소년들의 뇌 왼쪽 선조체 영역이 훨씬 더 부어 있었다는 사실을 밝혔습니다. 또한 주의력, 인지력, 판단력, 기억력 등 총체적인 뇌의 기능이 저하됩니다(대웅제약, 2019).

앞에서도 밝혔듯이 연령이 더 어린 영유아의 뇌는 발달 단계 중이기 때문에 청소년에게 미치는 영향보다 훨씬 더 취약할 수 있습니다. e-sports가 스포츠의 한 종목으로 자리 잡고 있는 현 시대에 '게임 중독을 하나의 질병으로 받아들일 것인가'에 대한 사회적 합의를 이루고, 건강한 게임 문화와 질병 사이의 균형을 맞추기까지는 아직 더 많은 시간과 합의가 필요할 것으로 보입니다. 그러나 이러한 사회적 논란을 떠나 게임을 과도하게 오랜 시간 지속할 경우에는 건강이 나빠질 수밖에 없습니다. 따라서 과도한 게임 이용은 지양하고, 게임을 즐길 때에도 바른 자세 유지와 적절한 시간 분배는 아이들의 건강을 위해 반드시 고려해야 할 요소임은 틀림없습니다.

3) 슬롯머신을 닮은 게임들 : 미래의 도박 중독자를 키우는가?

슬롯게임기 모양의 저금통

우리는 아이들이 하는 게임을 그저 순수한 놀이라고 생각합니다. 하지만 우리가 반드시 알아야 할 사실은 오늘날 많은 어린이용 게임들이 성인용 카지노의 도박 기계와 똑같은 방식으로 아이들의 뇌를 훈련시키고 있다는 점입니다. 그 핵심에는 '확률형 아이템(Loot Boxes)', 즉 '뽑기' 시스템이 있습니다.

확률형 아이템이란 돈이나 게임 속 재화를 지불하고 상자를 열었을 때, 어떤 아이템이 나올지 알 수 없는 시스템을 말합니다. 대부분은 가치 없는 평범한 아이템이 나오지만 아주 낮은 확률로 강력하고 희귀한 '대박' 아이템이 나오기도 합니다.

이는 정확히 슬롯머신의 작동 원리와 같습니다. 레버를 당길 때마다(상자를 열 때마다) 돈을 쓰지만 언제 대박이 터질지 모르는 '예측 불가능한 보상'이 뇌의 도박 회로를 가장 강력하게 자극하는 것입니다. 아이의 뇌는 '대박'이 터졌을 때의 도파민 폭발을 기억하고, 그 짜릿함을 다시 느끼기 위해 끊임없이 상자를 열어보라고 아이를 부추깁니다. 요즘은 슬롯머신 모형의 인테리어 소품도 등장했습니다. 아주 서서히 삶에 스미는 교묘한 방법으로 아이들에게 다가올 수 있습니다.

이러한 게임 메커니즘이 영유아기에 미치는 치명적인 영향은 다음과 같습니다.

● 도박 행위의 정상화

아이의 뇌는 '돈을 내고 확률에 기대어 보상을 얻는 행위'를 위험한 도박이 아닌 즐겁고 흥미로운 놀이의 일부로 학습합니다. 도박에 대한 심리적 경계심이 처음부터 무너지는 것입니다. 이는 훗날 온라인 스포츠 도박이나 사행성 게임의 유혹에 훨씬 쉽게 빠져들게 만드는 치명적인 밑거름이 됩니다.

● 노력의 가치 왜곡

게임 속에서 가장 강력한 아이템을 얻는 방법이 몬스터를 꾸준히 사냥하는 '노력'이 아니라, 운 좋게 뽑기를 잘하는 '행운'과 '돈'이라면 아이는 어떤 가치를 배우게 될까요? 노력의 숭고한 가치를 배우는 대신, 요행과 한탕주의를 먼저 학습하게 될 위험이 큽니다.

최근 청소년들 사이에서는 바카라와 룰렛 등 온라인 도박이 성행하는 가운데 도박으로 무려 1억 원을 날린 중학생의 사례가 공개돼 충격을 주고 있습니다(김현정, 2024). 이 학생은 "친구와 함께 놀이처럼 도박사이트 링크를 공유해 도박에 쉽게 접하게 됐다"고 고백했습니다. 2019년에 72건이던 청소년 도박 검거 건수는 4년 만에 184건으로 2배로 늘었으며, 2024년도는 4개월 동안 176건이 적발되었고, 이 중 촉법소년 검거 건수가 같은 기간 0건에서 20건으로 늘어나는 등 도박에 손대는 연령도 낮아지고 있습니다.

우리 어른들은 아이들이 하는 게임을 유심히 들여다볼 필요가 있습니다. 아이가 "딱 한 번만 더 뽑아볼래!"라고 말하며 애원할 때, 우리는 아이의 순수한 요청이 아닌 정교하게 설계된 도박 시스템의 유혹에 빠진 모습을 보고 있음을 인지해야 합니다. 이는 아이의 '건전한 놀이와 여가를 즐길 권리'를 넘어 '상업적 착취로부터 보호받을 권리'를 침해하는 사회적 문제입니다.

4) 해결책 : 건강한 '게임 사용설명서' 함께 만들기

게임의 무조건적인 금지는 오히려 아이의 반발심과 비밀스러운 사용을 부추길 수 있습니다. 우리 어른들은 '금지'가 아닌 '현명한 조절'을 가르치는 가이드가 되어야 합니다.

● 연령 등급(Age Rating) 확인은 기본

영화처럼 게임에도 연령 등급이 있습니다. 아이의 연령에 맞지 않는 게임은 아이가 이해하기 어려운 폭력성이나 선정성을 담고 있을 확률이 높습니다. 게임을 설치하기 전, 부모가 반드시 연령 등급과 게임 내용을 먼저 확인해야 합니다.

● '혼자' 하는 게임에서 '함께' 하는 놀이로

아이 혼자 게임을 하게 두지 마세요. 우리 어른들이 옆에서 함께 게임을 하는 '코옵 플레이(Co-op Play)'를 원칙으로 삼는 것이 좋습니다. 함께 게임을 하면 아이가 어떤 내용에 노출되는지 자연스럽게 알 수 있고, 게임 속에서 아이와 대화하며 유대감을 형성할 수 있습니다. 또한 "자, 이제 우리 함께하는 게임 시간은 여기까지!"라며 약속된 시간에 게임을 끝내는 것을 훨씬 수월하게 만들어 줍니다.

● 시간과 돈의 규칙은 단호하게

게임을 시작하기 전 아이와 함께 타이머를 맞추세요. "시계의 긴 바늘이 6에 가면 우리는 게임을 끄고 다른 놀이를 하는 거야"라고 명확하게 약속해야 합니다. 또한 유료 아이템 결제(인앱 결제)는 아이가 '돈'의 가치를 명확히 알기 전까지는 절대 허용해서는 안 된다는 원칙을 세워야 합니다.

● 가상 세계의 성취를 현실의 노력과 연결하기

아이가 게임에서 어려운 단계를 통과했을 때, 칭찬의 방향을 살짝 바꿔주세요. "와, 정말 대단하다! 포기하지 않고 여러 번 도전히

니까 결국 성공했네. 우리 저번에 잘 안되던 저 퍼즐도 이 마음으로 다시 한번 도전해 볼까?" 이처럼 게임에서 배운 끈기와 노력이라는 긍정적인 가치를 현실 세계의 과제와 연결해 주는 것은, 아이의 성장을 돕는 매우 지혜로운 방법입니다.

아이들에게 게임을 허용할 때, 우리 어른들은 반드시 그 게임에 '확률형 아이템'과 같은 사행성 요소가 있는지 먼저 확인해야 합니다. 아이의 뇌에 도박의 회로를 새겨 넣는 게임으로부터 아이들을 보호하고, 노력의 가치를 가르치는 것은 우리 어른들의 중요한 책무입니다.

3 쇼핑 중독 : 캐릭터와 굿즈, 소유로 채우려는 마음

"엄마, 아빠 나 ○○ 사주세요!!" 마트나 백화점 완구 코너에서 부모와 실랑이를 벌이는 장면, 이건 양반이죠. 안 사주면 소리를 지르거나 심지어는 바닥에 뒹구는 아이들을 보는 건 어렵지 않습니다. 뽀통령, 아기상어 등의 인기는 하늘을 찌릅니다. 한때 엘사 의상이 유치원 여자아이들의 교복처럼 여겨지던 때도 있었으니까요.

특정 캐릭터가 그려진 장난감, 옷, 학용품이 없으면 세상이 무너질 것처럼 서럽게 우는 아이 앞에서, 우리 어른들의 마음은 속수무책으로 약해지곤 합니다.

우리는 이것을 아이의 순수한 '좋아함', 조금 무거운 단어를 사용하자면 '집착'이라고 생각하지만, 때로는 이것이 성인기 '쇼핑 중독'의 가장 원초적인 씨앗이 될 수 있다는 사실을 알아야 합니다.

1) '좋아함'에서 '가져야만 함'으로 : 소유욕의 탄생

영유아기에 아이들은 특정 캐릭터와 강한 애착 관계를 형성합니다. 그 캐릭터를 자신과 동일시하고, 함께 상상의 나래를 펼치며 정서적 안정감을 얻습니다. 이것은 매우 자연스럽고 건강한 발달 과정입니다(Gleason& Schenck, 2009; Taylor, 1999).

문제는 상업주의가 아이의 이 순수한 애착 관계를 파고들면서 시작됩니다. 미디어는 끊임없이 새로운 시즌, 새로운 아이템을 선보이며 아이에게 "이게 없으면 너는 더 이상 ○○의 진짜 팬이 아니야"라는 은밀한 메시지를 보냅니다. 아이의 순수했던 좋아함은 어느새 '가져야만 한다(Must-have)'는 강박적인 소유욕으로 변질됩니다.

뇌의 관점에서 보면, 새로운 상품을 얻는 순간의 짜릿한 쾌감(도파민 폭발)은 아이에게 강력한 보상으로 작용합니다. 이 경험이 반복되면, 아이는 놀이의 과정에서 얻는 즐거움보다 새로운 물건을 소유하는 순간의 쾌락에 더 집착하게 됩니다.

2) 끊임없는 비교와 상대적 박탈감

캐릭터 굿즈의 또 다른 위험성은 아이들의 세계에 너무 이른 시기에 '비교'와 '상대적 박탈감'이라는 어른들의 문법을 가르친다는 점입니다. SNS의 발달은 비교의 도화선 역할을 하게 되었습니다. 자신의 일상을 공유하면서 불특정 다수와 자신의 삶을 비교하면서 더욱 큰 문제가 생기기도 합니다.

● '인싸'와 '아싸'의 구분

"나는 ○○ 최신 로봇이 있는데, 너는 아직도 옛날 거야?" 친구들 사이에서 특정 아이템의 소유 여부가 인기와 소속감을 나누는 기준이 되기도 합니다. 아이는 물건을 통해 자신의 가치를 증명하려 하고, 갖지 못한 아이는 소외감을 느끼게 됩니다.

● **만족 없는 갈망**

하나의 장난감을 손에 넣은 기쁨은 잠시뿐입니다. 미디어는 곧바로 더 새롭고 더 멋진 장난감을 선보입니다. 아이는 영원히 만족할 수 없는 '결핍의 쳇바퀴'에 갇히게 되고, 이는 아이의 자존감을 갉아먹는 독이 됩니다.

영유아기에 형성된 소유를 통해 만족을 얻는 습관은 아이가 성장한 뒤에도 사라지지 않습니다. 캐릭터 장난감에 대한 집착은 청소년기에는 아이돌 굿즈나 한정판 운동화로, 성인기에는 명품이나 신상 전자기기에 대한 과도한 소비, 즉 쇼핑 중독으로 그 모습만 바꿀 뿐입니다.

스트레스를 받거나 마음이 허전할 때 쇼핑으로 문제를 해결하려는 어른들의 모습은 그 뿌리를 거슬러 올라가면 갖고 싶은 장난감을 손에 넣었을 때 잠시나마 위로받았던 어린 시절의 경험과 맞닿아 있을지 모릅니다.

3) 왜곡된 아름다움의 거울 : 디즈니 프린세스와 바비인형

아이들이 캐릭터에 열광할 때 우리는 단순히 장난감을 사주는 문제를 넘어, 아이들이 '무엇을 아름답다고 배우는가'의 문제를 마주하게 됩니다. 특히 여자아이들에게 절대적인 영향을 미치는 디즈니의 수많은 프린세스들과 바비인형은 아이들에게 아름다움에 대한 매우 편협하고 비현실적인 기준을 제시하는 '왜곡된 거울'이 될 수 있습니다.

바비인형 : 미디어가 제시하는 비현실적 아름다움

● 비현실적인 신체 이미지

디즈니 프린세스들은 하나같이 커다란 눈, 잘록한 허리, 가느다란 팔다리를 가지고 있습니다. 바비인형의 신체 비율을 실제 인간에게 적용하면, 정상적인 생활이 불가능할 정도로 비현실적이라는 연구 결과는 이미 유명합니다. 아이들은 이러한 모습을 보며, 이것이 바로 '아름다움의 표준'이라고 무의식적으로 학습하게 됩니다. 이는 자신의 평범한 신체에 대해 불만족하게 만들고, 심한 경우 훗날 섭식 장애나 성형 중독으로 이어질 수 있는 위험한 씨앗이 됩니다.

● 획일화된 미의 기준

전통적인 디즈니 애니메이션 속 공주들은 대부분 백인에 길고 찰랑이는 머리카락을 가진 모습으로 그려집니다. 이는 다양한 인종과 외모가 가진 고유의 아름다움을 존중하기보다 특정 모습만이 '아름답다'는 획일화된 미의 기준을 아이들에게 주입할 위험이 있습니다.

최근에는 겨울왕국의 엘사나 모아나처럼 주체적인 여성상을 그리거나 다양한 인종의 공주를 등장시키려는 긍정적인 변화가 일어나고 있습니다. 하지만 여전히 우리 아이들이 접하는 수많은 미디어 속 캐릭터들은 아이들에게 건강한 자아상을 형성하는 데 혼란을 줄 수 있다는 사실을 우리 어른들은 인지해야 합니다.

4) 해결책 : 소유의 기쁨보다 관계의 즐거움을

아이를 소유욕의 덫에서 구하기 위해, 우리 어른들은 '물질'이 아닌 '관계'와 '경험'의 가치를 가르쳐야 합니다.

● '갖고 싶다'는 마음에 공감하고, 기다림을 가르치기

아이가 장난감을 사달라고 조를 때, "안돼!"라고 무조건 막기보다 먼저 그 마음을 읽어주세요. "와, ○○이가 보기에 정말 멋진 로봇이구나. 정말 갖고 싶겠다." 아이의 마음을 충분히 공감해 준 뒤, "하지만 우리는 약속한 날(생일, 어린이날 등)에만 선물을 사기로 했지? 그때까지 우리 함께 기다려보자."라며 '욕구(만족) 지연'을 가르쳐야 합니다. 이 기다림의 경험이 바로 아이의 자기조절력을 키우는 최고의 훈련입니다.

● 물질이 아닌 경험을 선물하기

아이에게 새로운 장난감을 사주는 대신 함께 시간을 보내는 '경험'을 선물해 주세요. 함께 공원에 가서 자전거를 타거나 도서관에 가서 새로운 책을 읽거나 집에서 함께 요리를 하는 즐거운 경험은 장난감이 주는 일시적인 쾌감과는 비교할 수 없는 깊은 정서적 만족감과 유대감을 선물합니다.

● 만들기와 변형하기 놀이

아이가 좋아하는 캐릭터를 직접 만들어보는 활동은 소유욕을 창의성으로 승화시키는 좋은 방법입니다. 점토로 캐릭터를 빚거나 빈 상자로 로봇을 만들거나 헌 옷으로 캐릭터 의상을 만들어보세요. 아이는 완성된 결과물보다 자신이 직접 무언가를 창조했다는 성취감에서 더 큰 기쁨을 느끼게 될 것입니다.

● 미디어 리터러시 교육의 시작

아이와 함께 TV 광고나 유튜브 영상을 보며 이것이 '물건을 팔기 위한 이야기'라는 사실을 아이의 눈높이에서 알려주는 것도 중요합니다. "우리가 이 영상을 재미있게 보고 나면, 이 장난감을 사고 싶어지게 만들려고 하는 거래."와 같은 대화는 아이가 미디어의 숨겨진 의도를 비판적으로 바라보는 힘을 길러주는 첫걸음이 됩니다.

4 음란물 중독 : 조기에 무너지는 관계의 교실

음란이란 사회통념상 일반적인 성욕을 자극해 성적 흥분을 유발하고 정상적인 성적 수치심을 해하여 성적 도의 관념에 반하는 것을 의미하며(대법원, 2013), 음란물이란 사회통념에 비추어 전적으로 또는 지배적으로 성적 흥미에만 호소하고 하등의 문학적·예술적·사상적·과학적·의학적·교육적 가치를 지니지 않는 영상물을 뜻합니다(대법원, 2006).

이러한 음란물 중독은 주로 청소년과 성인의 문제로 여겨지지만 스마트 기기에 무방비로 노출된 오늘날의 영유아들에게도 결코 안전하지 않은 매우 심각한 위협입니다. 아이들은 어른의 스마트폰을 만지다 단 한 번의 잘못된 클릭만으로도 유해한 콘텐츠에 노출될 수 있으며, 이 의도치 않은 노출은 아이의 뇌와 마음에 깊은 상처와 왜곡된 씨앗을 심을 수 있기 때문입니다.

1) 디지털 세상의 그림자 : 우연을 가장한 필연적 노출

과거 아이들의 세상이 놀이터와 골목길이었다면 오늘날 아이들의 세상은 디지털 공간으로 무한히 확장되었습니다. 이 새로운 세상에서 아이들은 정보를 얻고 친구를 사귀며 놀이를 합니다. 하지만 빛이 강하면 그림자도 짙어지듯 이 디지털 세상의 그림자 속에는 과거와 비교할 수 없을 만큼 교묘하고 강력한 위험이 도사리고 있습니다.

과거에는 아이들이 음란물을 접하는 경로가 비교적 명확했습니다. 어른들의 서랍이나 비디오테이프처럼, 아이가 '의도적으로' 찾아야만 볼 수 있는 경우가 대부분이었습니다. 하지만 오늘날 디지털 세상에서 음란물은 더 이상 아이가 찾아 나서는 대상이 아니라, 아이를 향해 먼저 다가오는 교묘한 그림자와 같습니다. 우리 어른들은 인터넷 서핑의 결과가 결국에는 음란물에 도달하기 쉽다(Guardian, 2025)는 사실을 인지해야 합니다.

● 알고리즘의 덫

유튜브나 틱톡의 추천 알고리즘은 사용자를 더 오래 붙잡아두기 위해 끊임없이 더 자극적인 영상을 추천합니다. 아이는 그저 좋아하는 만화 캐릭터 영상을 보고 있었을 뿐인데, 알고리즘이 추천해 주는 관련 영상을 몇 번 클릭하다 보면 어느새 원작 캐릭터를 성적으로 묘사한 선정적인 영상이나 폭력적인 콘텐츠로 이어지는 '알고리즘의 덫'에 빠지기 쉽습니다.

● **팬픽과 2차 창작 문화**

아이들은 자신이 좋아하는 아이돌 가수나 캐릭터에 대한 순수한 팬심으로 인터넷 검색을 합니다. 하지만 그 과정에서 팬들끼리 만든 팬픽(Fan Fiction) 등 2차 창작물을 마주하게 될 수 있습니다. 이 중 일부는 노골적인 성행위를 묘사하는 등 음란물의 형태를 띠고 있어, 아이는 자신도 모르는 사이에 성적으로 착취적인 콘텐츠에 무방비로 노출될 수 있습니다.

디지털이 삶에서 차지하는 비중이 높아지고 있다는 사실과 그로 인해 음란물에 대한 접근성이 스나미처럼 커지고 있다는 사실, 그리고 인간의 성적 호기심과 욕구가 만들어내는 결과물이 결국 음란물 시청으로 귀결되기 쉽다는 것을 인지해야 합니다. 그러므로 아이들이 혼자 인터넷을 사용하는 것을 고려하고 이용할 때는 어른과 함께 이용할 수 있도록 하는 것이 중요합니다.

2) 왜곡된 관계 교과서

영유아기는 이성(異性), 신체, 그리고 사랑이라는 관계의 가장 기초적인 개념을 배우는 시기입니다. 정신분석의 창시자인 프로이트(Freud)에 따르면 이 시기의 아이들은 자신의 신체와 쾌감에 대한 지대한 호기심을 보이는 지극히 정상적인 발달 단계를 거칩니다.

입으로 세상을 탐색하는 구강기를 지나, 배변 훈련을 통해 통제와 자율성을 배우는 항문기를 거쳐, 자신의 성기를 인식하고 성별의 차이에 대한 궁금증이 폭발하는 남근기에 이릅니다.

이 시기 아이들의 성적 호기심은 어른의 관점으로 재단해서는 안 되는 순수한 탐색 과정입니다. 아이들은 부모의 따뜻한 스킨십, 친구와의 다정한 놀이, 그리고 동화책의 아름다운 이야기를 통해 자신의 몸을 긍정적으로 인식하고, 건강한 관계의 토대를 쌓아갑니다.

하지만 이 결정적인 시기에 자극적이고 왜곡된 음란물에 노출되면 어떻게 될까요? 아이는 인간의 성(性)과 관계에 대한 개념을 비정상적으로 학습하게 됩니다. 타인에 대한 존중이나 감정적 교감 없이 오직 쾌락만이 존재하는 음란물의 내용은 아이에게 인간관계에 대한 끔찍하게 잘못된 첫인상을 심어줄 수 있습니다. 이는 아이의 '건강하게 발달할 권리'와 훗날 '타인과 건전한 관계를 맺으며 살아갈 미래의 권리'를 심각하게 훼손하는 일입니다(여성가족부, 2023). 다행히 제도적 보호장치의 강화로 초등학생의 성인용 영상물 이용률이 감소하고 있다고 보고되고 있습니다(여성가족부, 2024).

● 뇌 발달에 미치는 영향

강력한 시각적 자극인 음란물은 아직 발달 중인 아이의 뇌, 특히 충동 조절과 판단을 담당하는 전두엽에 과부하를 일으킵니다. 뇌는 이 강력한 자극에만 반응하도록 길들여져 일상의 평범한 즐거움에 무감각해지는 '역치 상승'을 겪게 됩니다. 이는 다른 모든 중독과 마찬가지로, 아이가 더 강하고 자극적인 것만 찾게 만드는 위험한 길의 시작점이 됩니다.

● 정서적 불안과 혼란

자신이 본 것이 무엇인지 제대로 이해하지 못하는 아이들은 극심한 정서적 혼란과 불안, 수치심, 죄책감을 느낄 수 있습니다. 이 경험은 아이 내면의 잔잔함을 한순간에 무너뜨리는 강력한 심리적 트라우마가 될 수 있습니다.

3) 과학이 밝혀낸 중독의 비밀 : 네 가지 실험 이야기

우리가 '중독'이라는 단어를 사용할 때 그것은 단순히 의지의 문제가 아니라 뇌에서 벌어지는 실제적인 사건임을 보여주는 두 가지 중요한 실험이 있습니다.

● 쾌락의 버튼을 누르다 굶어 죽은 쥐 : 올즈와 밀너의 실험(1954)

1954년 캐나다 맥길 대학교의 심리학자 제임스 올즈(James Olds)와 피터 밀너(Peter Milner)는 쥐의 뇌에 미세한 전극을 꽂아 뇌의 특정 부위를 자극하면 어떤 반응이 나타나는지 연구하고 있었습니다. 원래 그들의 목표는 뇌의 특정 부위가 '불쾌감'을 느끼게 하는지 확인하는 것이었습니다.

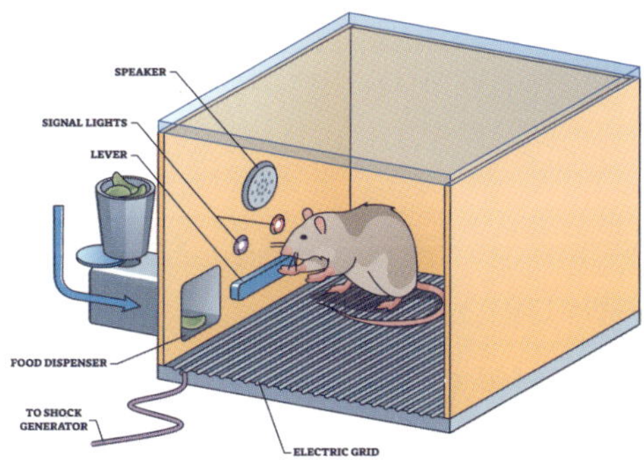

스키너 상자 | 올즈와 밀러의 부정적 중독행동에 관한 실험

쥐의 뇌의 중추 중 측좌핵 부분에 가는 전극을 심고 약한 전류를 흘려보냈을 때 쥐가 쾌락을 느끼는 것을 보고 버튼을 누르면 전기

가 흐르는 장치를 만들어 쥐가 그 버튼을 누를 수 있게 해보았습니다. 한 쥐에게서 예상치 못한 일이 벌어졌습니다. 연구자가 실수로 전극을 다른 부위에 꽂았는데, 이 쥐는 전기 자극을 피하기는커녕 오히려 그 자극을 다시 받기 위해 스스로 레버를 누르기 시작했습니다. 놀랍게도 쥐의 행동은 광적으로 변해갔습니다. 눈앞에 먹이와 물을 가져다주어도 거들떠보지 않았고, 잠도 자지 않았습니다. 어떤 쥐는 버튼을 1시간에 600회가량 누르고 먹지도 자지도 않고 하루에 48,000번의 버튼을 누르다가 죽어버린 쥐도 있었습니다. 심지어 레버를 누르러 가는 길에 전기충격의 고통을 가해도 그 고통을 기꺼이 감수하며 쾌락의 버튼을 누르러 돌진했습니다. 결국 이 쥐들 중 일부는 탈진하거나 굶어 죽는 것을 택했습니다.

이 실험으로 뇌에는 쾌락을 관여하는 중추가 있다는 것을 발견하였습니다.

이 실험은 특정 행동이 외부의 보상이 아닌 뇌 내부의 직접적인 쾌감만으로도 강력하게 강화될 수 있음을 최초로 증명했으며, 이는 현대 중독 연구의 신경과학적 기초를 마련한 기념비적인 연구로 평가받고 있습니나. 쾌락을 느낄 때 뇌 한가운데에 위치하고 있는 복측피개영역(VTA)에서 도파민(dopamine)이 분비되어 측좌핵과 전전두엽을 자극한다는 것을 알게 되었습니다. 측좌핵에 도파민이 흐르면 약한 전기로 쥐의 뇌를 자극한 것처럼 쾌락을 느끼게 되고 전두엽에 도파민이 흐르면 이 정도의 보상이 적절한지에 판단하게 되는데, 적절한 보상이라고 생각되면 그 행동을 반복할 수 있는 동기가 됩니다. 모든 사람들은 욕구가 있고 그 욕구를 충족하기 위한 행위를 하게 됩니다(문예성, 2023).

뇌의 이 특정 부위가 직접적으로 자극될 때 얻는 쾌락은, 식욕이나 수면욕, 심지어 생존 본능까지도 압도할 만큼 강력하다는 사실이 증명된 것입니다. 오늘날 우리가 다루는 모든 중독(설탕, 마약, 게임, 음란물 등)은 바로 이 뇌의 보상회로를 인위적으로, 그리고 비정상적으로 자극하여 망가뜨리는 과정과 정확히 일치합니다.

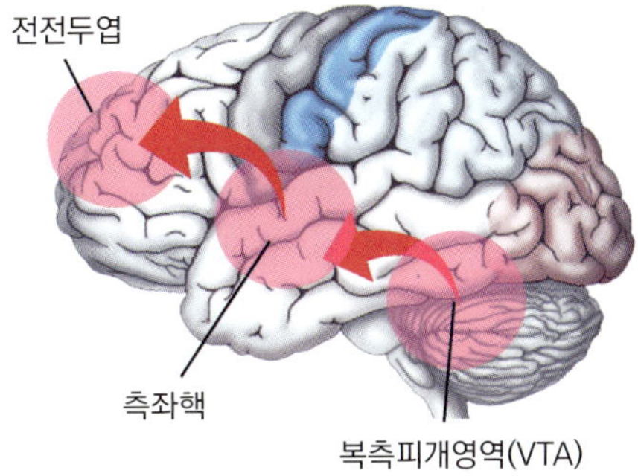

뇌의 보상회로

● 음란물은 어떻게 우리의 '생각하는 뇌'를 멈추게 하는가 : 뒤스부르크-에센 대학의 연구(2012)

쾌락중추를 자극하는 것은 단순히 '기분 좋은' 경험에서 끝나지 않습니다. 특히 음란물과 같은 강력한 시각적 자극은 우리의 이성적 사고를 담당하는 뇌의 기능을 직접적으로 마비시킬 수 있습니다.

2012년, 독일 뒤스부르크-에센 대학의 연구팀은 건강한 성인 남성 28명을 대상으로 흥미로운 실험을 진행했습니다. 연구팀은 참가자들에게 세 종류의 사진(① 음란물 사진, ② 모험적인 스포츠 사진 등 긍정적이지만 비성적인 사진, ③ 일상 사물 등 중립적인 사진)을 차례로 보여주면서, 동시에 '작업 기억(Working Memory)' 능력을 측정하는 과제를 수행하게 했습니다. 작업 기억이란, 우리가 무언가에 집중하고, 정보를 잠시 저장하며, 문제를 해결하는 데 사용하는 생각하는 뇌(전두엽)의 핵심 기능입니다. 마치 컴퓨터의 CPU나 책상의 크기와도 같습니다.

실험 결과는 놀라웠습니다. 참가자들은 중립적이거나 긍정적인 사진을 볼 때에 비해 음란물 사진을 볼 때 작업 기억 과제의 수행 능력이 현저하게 떨어졌습니다. 즉, 음란물을 보는 동안에는 제대로 생각하고 기억하는 것이 어려워졌다는 의미입니다.

이 실험이 시사하는 바는 명확합니다. 음란물과 같은 강렬한 성적 자극은 뇌의 모든 주의력을 독점하는 '비상 사이렌'과 같습니다. 이 사이렌이 울리는 순간 우리의 이성적 사고와 학습을 담당하는 '생각하는 뇌'는 일시적으로 그 기능을 멈춰버립니다. 아직 전두엽이 한창 발달 중인 우리 아이들에게 이러한 경험이 반복된다면 학습 능력과 집중력에 얼마나 치명적인 영향을 미칠지는 불 보듯 뻔한 일입니다.

● 뇌의 보상 시스템이 쪼그라들다 : 독일 막스 플랑크 연구소의 연구(2014)

음란물에 자주 노출되는 것은 단순히 우리의 생각이나 기분에만 영향을 미치는 것이 아니라, 뇌의 물리적인 구조 자체를 변화시킬 수 있다는 충격적인 연구 결과가 있습니다.

2014년, 독일의 저명한 뇌과학 연구소인 막스 플랑크(Max Planck) 연구소의 시몬 퀸(Simone Kühn) 박사 연구팀은 건강한 성인 남성 64명을 대상으로 평소 음란물 시청 시간과 뇌 구조의 관계를 분석했습니다.

연구팀은 참가자들의 음란물 시청 시간을 설문조사하고, 고해상도 자기공명영상(MRI) 장치로 각자의 뇌를 정밀하게 촬영했습니다. 그리고 그들의 뇌에서 보상과 동기부여에 핵심적인 역할을 하는 선조체(Striatum) 영역의 크기와 활동성을 비교 분석했습니다.

결과는 매우 놀라웠습니다. 평소 음란물을 많이 보는 사람일수록, 뇌의 선조체[7] 영역의 회백질 부피가 더 작아져 있는 것이 관찰되었습니다. 즉, 뇌의 '보상 시스템'을 담당하는 중요한 부분이 물리적으로 쪼그라들어 있었던 것입니다.

또한 음란물을 볼 때 이 선조체의 활동성 역시 더 둔감하게 반응했습니다. 이는 반복적인 과잉 자극에 뇌가 지쳐, 더 이상 웬만한 자극에는 잘 반응하지 않는 내성이 뇌의 구조적 변화로까지 이어졌을 수 있음을 시사합니다. 마치 너무 무거운 역기를 계속 들면 근육이 파열되듯, 과도한 쾌락 자극이 뇌의 보상 시스템 자체를 위축시킨 것일 수 있습니다.

이 연구가 우리에게 던지는 메시지는 섬뜩할 정도로 명확합니다. 음란물 중독은 단순한 습관이나 취향의 문제가 아니라 우리의 뇌, 특히 동기부여와 보상을 담당하는 핵심 영역을 물리적으로 손상시킬 수 있는 실제적인 뇌 질환이라는 것입니다.

이 연구가 시사하는 바는 매우 중요합니다. 뇌의 보상회로는 이미 비현실적으로 강렬한 가짜 쾌락에 익숙해져 버렸습니다. 그 결과 실제 사람과의 감정적 교감과 스킨십을 통해 얻는 자연스럽고 건강한 쾌락에는 더 이상 제대로 반응하지 못하게 되는 것입니다. 뇌의 쾌락 '역치'가 너무 높아져 버려, 현실의 관계가 주는 섬세하고 따뜻한 자극이 시시하게 느껴지게 되는 것입니다. 이는 비단 성인 남성의

7 기저핵의 주요 부분으로 운동조절, 보상동기, 습관형성에 밀접한 관계가 있습니다. 대뇌의 피질 아래 존재하며, 파킨슨 병 같은 운동장애, 강방증, 충동조절장애 등은 이 회로 이상과 관련이 있습니다.

성기능 문제에만 국한되지 않습니다. 이 원리를 우리 아이들의 현실에 적용해 볼 수 있습니다.

- ▶ 도파민 보상회로 : 보상 경험(맛있는 음식, 게임 승리, 유튜브 영상 시청 등)이 있으면 도파민이 복측 선조체(nucleus accumbens)에 분비되고 아이의 뇌는 "이건 중요한 경험이야. 또 하고 싶어."라고 기록하는 것입니다.
- ▶ 현실 놀이에 대한 무감각 : 화려하고 자극적인 스마트폰 게임에 익숙해진 아이가 블록 쌓기나 그림 그리기 같은 정적인 놀이에 쉽게 지루함을 느끼는 것과 같습니다.
- ▶ 사회적 관계의 어려움 : 즉각적인 피드백과 보상이 주어지는 온라인 세상에 익숙해진 아이가 친구와 의견을 조율하고, 갈등을 참고, 관계를 맺어가는 현실의 느리고 복잡한 상호작용을 힘들어하는 것과 같습니다.
- ▶ 습관화와 통제력 약화 : 원래는 전두엽이 "이건 그만해야 해."라고 브레이크를 걸어야 하는데, 아이들은 그런 기능이 미숙하기 때문에 중독적 행동에 쉽게 휘말리게 됩니다. 결과적으로 '하고 싶다'는 욕구가 '해야만 한다'는 충동으로 바뀌게 되는데 이게 중독의 핵심입니다.

이 세 가지 실험은 중독이 의지의 문제가 아닌 명백한 뇌의 문제이며, 아이들의 뇌 발달에 직접적인 손상을 입힐 수 있다는 과학적 증거를 우리에게 보여줍니다.

● 화면 속 폭력, 현실의 공격성으로 이어지다 : EBS <아이의 사생활>의 공격성 실험(2009)

"미디어를 통해 본 폭력적인 장면이 정말 현실의 공격성에 영향을 미칠까?" 이 오래된 질문에 대해, EBS 〈다큐프라임 : 아이의 사생활〉 제작팀과 전남대학교 심리학과 윤가현 교수 연구팀은 국내 최초로 매우 의미 있는 실험을 진행했습니다(윤고은, 2009).

연구팀은 건강한 남자 대학생 120명을 세 그룹으로 나누었습니다.

- A그룹 : 자연 다큐멘터리 시청
- B그룹 : 일반적인 음란물 시청
- C그룹 : 폭력적인 장면이 포함된 음란물 시청

각 그룹은 15분 동안 해당 영상을 시청한 뒤 '집중력 테스트'라는 명목으로 다트 던지기 과제를 수행했습니다. 다트판에는 사람 모양의 표적과 사물 모양의 표적이 섞여 있었습니다. 연구팀은 참가자들이 사람 표적에 다트를 던지는 횟수를 측정하여 내재된 공격성이 얼마나 표출되는지를 분석했습니다.

실험 결과는 매우 명확하고 충격적이었습니다.

- 자연 다큐를 본 A그룹은 사람 표적에 다트를 평균 0.3회 던졌습니다.

• 일반 음란물을 본 B그룹은 사람 표적에 다트를 평균 1.4회 던졌습니다.
• 폭력적 음란물을 본 C그룹은 사람 표적에 다트를 평균 2.4회 던졌습니다.

폭력적인 음란물을 본 그룹은 평화로운 다큐멘터리를 본 그룹에 비해 무려 8배나 높은 공격성을 보인 것입니다. 특히 사람 표적 중에서도 여성 표적에 대한 공격성이 더 강하게 나타나 미디어를 통한 폭력성 학습이 성폭력과 같은 실제 범죄로 이어질 수 있다는 위험한 연결고리를 시사했습니다.

이 실험은 우리에게 두 가지 중요한 사실을 알려줍니다.

첫째, 미디어를 통해 접하는 내용은 우리의 생각뿐만 아니라 실제 행동에도 직접적인 영향을 미친다는 것입니다.

둘째, 폭력적이거나 성적으로 자극적인 콘텐츠는 우리의 공격성을 명백히 증가시킨다는 점입니다.

성인 대학생에게도 이러한 즉각적인 영향을 미치는 미디어 콘텐츠가 아직 현실과 가상을 구분하는 능력이 미숙하고 자기조절능력이 발달 중인 우리 아이들에게는 얼마나 더 깊고 강력한 흔적을 남길지는 어렵지 않게 짐작할 수 있습니다. 이는 아이를 유해한 미디어로부터 보호해야 할 우리 어른들의 책무가 얼마나 중요한지를 다시 한번 일깨워 줍니다. 건강하지 않은 미디어나 영상은 '디지털 독극물임'을 우리 어른들이 인지해야 합니다.

4) 해결책 : '디지털 성(性) 안전' 울타리 세우기

이러한 위험으로부터 아이를 보호하기 위해 우리 어른들은 견고한 안전 울타리를 세워주어야 합니다.

● **예방이 최선의 백신**

가장 중요한 것은 유해 콘텐츠에 노출될 가능성 자체를 원천적으로 줄이는 것입니다.

- ▶ 기술적 차단 : 스마트폰과 PC에 유해 콘텐츠 차단 앱이나 소프트웨어를 반드시 설치하세요. 유튜브는 일반 계정 대신 아동용 콘텐츠만 선별해서 보여주는 '유튜브 키즈(YouTube Kids)'를 사용하고, 여기서도 '자녀보호 기능'을 설정해 부모가 허용한 콘텐츠만 볼 수 있도록 관리해야 합니다.
- ▶ 환경적 차단 : 가정과 기관에서는 자녀용 계정, 유해 콘텐츠 차단 앱 설치, 공용 공간에서만 기기 사용 등 환경설계가 병행되어야 합니다. 아이가 스마트 기기를 사용할 때는 반드시 거실 등 온 가족이 함께 있는 공개된 장소에서만 사용하도록 규칙을 정하세요. 아이 방에 혼자 들어가 문을 닫고 영상을 보는 습관은 매우 위험합니다.

● **아이가 우연히 봤다면? '비난'이 아닌 '안전'을**

아무리 노력해도 아이가 우연히 유해 콘텐츠를 접하게 될 수 있습니다. 이때 가장 중요한 것은 우리 어른들의 반응입니다.

▶ 절대 놀라거나 혼내지 않기 : 어른이 소리를 지르거나 아이를 다그치면, 아이는 자신이 '나쁜 짓'을 했다고 생각해 수치심과 공포를 느끼게 됩니다. 이는 아이가 앞으로 비슷한 일을 겪었을 때 숨기게 만드는 최악의 결과를 낳습니다.

▶ 차분하게 상황 마무리하기 : "어이쿠, 이건 어른들이 보는 건데 실수로 나왔네. 우리 ○○이가 보기에는 좋지 않은 영상이야."라고 차분하고 단호하게 말하며 즉시 화면을 끄거나 창을 닫아주세요.

▶ 아이의 마음을 먼저 안심시키기 : 아이를 안아주며 "괜찮아. 놀랐지? 네 잘못이 아니야."라고 말해주어 아이가 상황으로부터 심리적 안정감을 찾도록 돕는 것이 최우선입니다.

● 평소에 쌓아두는 건강한 성(性)교육

음란물에 대한 가장 강력한 예방 백신은 아이가 평소에 건강하고 올바른 성 개념을 배우는 것입니다.

▶ 신체의 명칭으로 부르기 : 아이의 몸을 존중하는 첫걸음은 정확한 이름으로 불러주는 것입니다. 그리고 '생식기(reproductive organs)'라는 중립적이고 과학적인 용어를 사용하는 것이 좋습니다. 성기(sex organs)라는 단어가 성적인 행위에 초점이 맞춰져 있다면, 생식기는 '생명이 태어나는 소중한 곳'이라는

긍정적이고 생물학적인 의미를 담고 있어 아이들의 첫 성교육에 더 적합합니다. 음경(penis), 음순(vulva)과 같이 구체적인 명칭을 팔, 다리처럼 자연스럽게 알려주는 것은 아이가 자신의 몸을 신비하거나 부끄러운 것이 아닌, 과학적이고 소중한 일부로 인식하게 돕습니다. 정확한 이름은 불필요한 신비감이나 수치심을 없애줍니다.

- ▶ '내 몸의 주인은 나!' 교육 : "우리 몸은 소중하고 사적인 공간이야. 인터넷에서 이상한 그림이나 영상을 보게 되면 꼭 엄마(아빠, 선생님)에게 이야기해 줘."처럼 이상한 영상을 봤을 때 부모에게 말하는 것이 안전하다는 점을 반복적으로 알려줍니다. 그리고 평소에 "네 몸은 세상에서 가장 소중한 너의 것이야. 그래서 다른 사람이 함부로 만지게 해서는 안 돼. 누군가 불편하게 하면 '싫어요!' 하고 꼭 엄마 아빠에게 이야기해야 해."라고 가르쳐주어 자기 몸에 대한 '결정권'과 경계의 개념을 심어주어야 합니다.
- ▶ 좋은 그림책 활용하기 : 아이의 눈높이에 맞춰 성과 탄생, 신체에 대해 알려주는 좋은 그림책들이 많이 있습니다. 아이와 함께 책을 읽으며 자연스럽게 궁금증을 풀어주는 것이 좋습니다.

이처럼 우리 어른들이 평소에 건강하고 올바른 성(性)교육을 실천하는 것은, 단순히 좋은 양육법을 넘어 아이들의 소중한 권리를 지켜주는 가장 근본적인 행위입니다. 정확한 정보를 제공하고 솔직하게 대화하는 것은 아이의 '알 권리'와 건강한 '발달권'을 존중하는 것입니다.

특히 '내 몸의 주인은 나!'라고 가르쳐 자신의 몸에 대한 통제권과 의사를 존중해 주는 것은, 아이가 자신의 신체에 대한 자기결정권

(Right to self-determination)을 배우는 첫걸음입니다. 이는 모든 형태의 학대와 폭력, 그리고 성적 대상화로부터 '보호받을 권리'를 지켜주는 가장 강력한 예방 백신이기도 합니다.

결국 건강한 성교육은 아이의 마음속에 스스로를 아끼고 존중하는 단단한 씨앗을 심는 일이며, 이는 아이가 평생 자신의 권리를 당당히 지키며 살아갈 수 있는 가장 튼튼한 '안전 울타리'가 되어줄 것입니다.

'성교육' 이런 아이에게 필요해요

□ 남자와 여자를 구분한다.
□ 성적인 질문을 한다.
□ 성적인 장난을 한다.
□ 임신과 출산에 호기심을 보이니다.
□ 나와 다른 사람의 신체에 관심을 보인다.

자위행위 꾸짖지 마세요

● **'자위'라는 자연스러운 탐색 행동 이해하기**

아이가 자신의 생식기를 만지는 행동을 처음 발견했을 때, 많은 어른들은 당황하고 걱정합니다. 하지만 영유아기의 자위는 어른의 성적인 행위와는 전혀 다른, 자신의 몸을 탐색하는 지극히 자연스러운 발달 과정 중 하나입니다. 엄지손가락을 빨거나 자신의 발을 만지는 것과 같이, 자신의 신체 일부를 탐색하며 안정감을 느끼는 행동입니다.

● **영유아기 자위 행위의 주요 계기**

• **자연스러운 신체 탐색과 우연한 발견** : 아이들은 손가락, 발가락을 탐색하듯 자신의 몸 전체에 대한 호기심이 많습니다. 기저귀를 갈거나 목욕하는

등 우연한 기회에 생식기를 만졌을 때, 다른 부위와는 다른 기분 좋은 느낌(쾌감)을 발견하고 그 느낌을 재현하기 위해 행동을 반복하게 됩니다. 이는 성적인 의도가 전혀 없는, 순수한 감각적 탐색의 결과입니다.

- **심리적 안정감을 위한 자기 위안 행동** : 아이들은 불안하거나, 지루하거나, 잠이 올 때 자신을 진정시키기 위한 행동을 합니다. 손가락을 빨거나, 부드러운 이불 끝을 만지작거리는 것처럼, 생식기를 문지르는 행동 역시 아이에게 심리적인 안정감과 위안을 주는 행동일 수 있습니다. 특히 동생이 태어났거나, 새로운 환경에 적응해야 하는 등 스트레스가 많은 상황에서 더 자주 나타날 수 있습니다.
- **신체적 불편함이나 자극** : 꽉 끼는 옷이나 기저귀가 생식기 부위를 지속적으로 자극하거나, 습진이나 요로 감염 등으로 해당 부위가 가려울 때, 아이는 불편함을 해소하기 위해 자꾸만 손을 가져가게 됩니다. 이 과정에서 느껴지는 쾌감 때문에 행동이 습관화될 수도 있습니다.

이렇듯 영유아기 자위는 대부분 '우연한 발견', '편안함 추구', '신체적 불편함'이라는 세 가지 계기에서 시작되는 지극히 정상적인 행동입니다. 이를 문제 행동으로 보기보다 아이의 발달 과정에 대한 자연스러운 이해를 바탕으로 지도하는 것이 중요합니다.

● 하지 말아야 할 것

절대 아이를 다그치거나, 손을 때리거나, "지지!", "못된 짓이야!"와 같이 수치심을 주는 말을 해서는 안 됩니다. 이러한 부정적인 반응은 아이에게 자신의 몸과 호기심에 대한 깊은 죄책감과 불안감을 심어줄 수 있습니다.

● 지혜롭게 지도하는 법

- **차분하게 반응하기** : 아이의 행동에 놀라거나 과민 반응을 보이지 않는 것이 가장 중요합니다. 어른이 태연하게 반응하면, 아이도 이것이 특별히 문제 되는 행동이 아님을 배웁니다.
- **'공적인 장소'와 '사적인 장소' 가르치기** : 핵심은 행동 자체가 아니라 '장소'에 대한 교육입니다. "우리 몸의 소중한 부분은 다른 사람이 없는 너의

방 같은 곳에서 혼자 있을 때 만지는 거야. 거실은 모두가 함께 있는 곳이니까 여기서는 우리 같이 책 볼까?"와 같이, 행동의 '공공성'에 대해 명확하고 부드럽게 알려주어야 합니다.

- **관심 전환하기** : 만약 공적인 장소에서 아이가 계속 생식기를 만진다면, 야단치기보다 아이가 좋아할 만한 다른 놀이나 활동을 제안하여 자연스럽게 관심을 다른 곳으로 돌려주는 것이 현명합니다.
- **신체적 문제 확인하기** : 드물지만, 아이가 해당 부위를 너무 자주 긁거나 아파한다면, 습진이나 요로 감염 등 의학적인 문제가 원인일 수 있으니 병원에서 진찰을 받아보는 것이 좋습니다.

● 가장 흔한 질문, "아기는 어떻게 태어나요?"

이 질문은 많은 어른들을 당황하게 만들지만, 사실은 아이의 지적 호기심이 폭발적으로 성장하고 있다는 매우 긍정적인 신호입니다. 이 질문에 대처하는 가장 좋은 원칙은 '아이의 눈높이에서, 솔직하고, 긍정적으로' 답해주는 것입니다. "황새가 물어다 줬어"와 같은 거짓말은 아이의 신뢰를 잃게 할 뿐입니다.

- **1단계(기본 답변)** : "아기는 엄마 몸속에 있는 특별한 아기집에서 자라."
  3~4세 아이들의 질문은 대부분 '어디서'에 대한 호기심입니다. 이때는 '자궁'이라는 단어를 '아기집'이라는 쉬운 말로 바꾸어, "엄마 배 속에 아기가 안전하게 자라는 따뜻하고 포근한 방이 있단다"라고 설명해 주는 것만으로도 충분할 수 있습니다.

- **2단계(추가 질문 시)** : "아빠의 '아기씨'와 엄마의 '아기씨'가 만나서 시작돼."
  아이가 "아기는 어떻게 아기집에 들어가?"라고 더 궁금해한다면, "아빠 몸에 있는 아주 작은 아기씨(정자)와 엄마 몸에 있는 아주 작은 아기씨(난자)가, 서로 아주 많이 사랑해서 꼭 껴안았을 때 만나서 작은 아기가 시작되는 거야"라고 설명해 줄 수 있습니다. '아기씨'라는 비유는 아이들이 이해하기 쉽고, '사랑'이라는 긍정적인 맥락 안에서 생명의 시작을 설명해 줄 수 있습니다.

- **3단계(긍정적 마무리)** : 아이의 탄생이 얼마나 큰 기쁨이었는지를 이야기하며 대화를 마무리하는 것이 좋습니다. "그렇게 네가 엄마 배 속에서 쑥쑥 자라서, 우리에게 와주었을 때 얼마나 기뻤는지 몰라. 너는 정말 소중한 우리의 보물이란다."

가장 중요한 것은 성과 생명에 대해 이야기하는 것을 부끄럽거나 숨기지 않는 '태도'입니다. 우리 어른들의 차분하고 긍정적인 태도는, 아이가 성(性)을 건강하고 아름다운 삶의 일부로 자연스럽게 받아들이게 하는 최고의 교육입니다.

5 섭식 장애 : 음식과의 위태로운 줄다리기

'먹는 문제'는 영유아기 아이를 키우는 어른들의 가장 큰 고민 중 하나입니다. 밥을 너무 안 먹어서, 혹은 반대로 너무 많이 먹어서 걱정하는 이 모든 과정이 사실은 아이가 세상과 맺는 최초의 관계 방식이자 훗날 심각한 '섭식 장애'로 이어질 수 있는 중요한 씨앗이 될 수 있습니다. 섭식 장애는 단순히 음식을 먹는 양의 문제가 아니라 음식과 체중, 그리고 신체 이미지에 대한 왜곡된 생각과 감정이 비정상적인 식사 행동으로 나타나는 복합적인 정신 건강 문제입니다.

먹는 행위는 단순히 식습관의 문제가 아니라 스트레스·우울 등 정서적 어려움, 자기통제의 어려움에서 비롯되는 경우가 많으며, 중독의 메커니즘과 매우 유사한 뿌리를 공유하는 복합적인 문제입니다. 뇌과학적으로 특정 음식을 먹는 행위(특히 고당분, 고지방 음식)는 마약을 투약했을 때와 유사하게 뇌의 보상회로를 자극하여 강렬한 쾌감을 줍니다. 반대로 음식을 거부하는 행위는 아이러니하게도 자기통제에서 오는 또 다른 종류의 쾌감과 안정감을 주어 뇌가 그 상태에 의존하게 만듭니다(Volkow, Wang, & Baler, 2011).

심리적으로는 1부에서 살펴본 '정서적 컵'이 텅 비었을 때 느끼는 불안과 허전함을 '먹는 행위'로 채우려는 잘못된 대처 방식이라는 공통점을 가집니다. 물질이나 다른 행위에 의존하여 현실의 고통을 회피하듯, 음식으로 텅 빈 마음을 급하게 채워 순간의 위안을 얻으려는 것입니다. 따라서 우리는 지금부터 먹는 문제를 단순한 식습관이 아닌 중독적 행동의 관점에서 깊이 있게 들여다보아야 합니다.

1) '식사 전쟁'의 숨겨진 의미 : 최초의 권력 투쟁

영유아기 아이에게 먹는 행위는 자신이 유일하게 통제할 수 있는 강력한 자기표현 수단입니다. 아이는 밥을 거부함으로써 부모의 관심을 끌거나 자신의 독립성과 자율성을 주장하기도 합니다.

이때 우리 어른들이 아이의 신호를 무시하고 억지로 밥을 먹이려 하거나 불안감에 온갖 방법으로 아이를 회유하려 하면, 식탁은 전쟁터로 변질됩니다. 아이는 음식 자체를 즐기는 법을 배우는 대신, 음식을 통해 어른을 조종하고 자신의 권력을 확인하는 왜곡된 관계를 학습하게 됩니다. 이는 음식과의 건강한 관계가 형성되어야 할 첫 단추를 잘못 끼우는 것과 같습니다.

첫 단추를 잘 끼우기 위해서는 아이가 처음으로 음식을 만나는 수유와 이유식 단계부터 지혜롭게 접근해야 합니다. 이 시기는 단순히 영양을 공급하는 시간을 넘어 아이가 음식과의 평생 관계를 설정하고 '스스로 먹는 즐거움'을 배우는 가장 결정적인 시기입니다.

● 맛의 발달 창(Flavor Window)[8] : 무엇이고 왜 중요한가

▶ 태아기·수유기부터 시작되는 '맛 학습' : 다수의 연구에 의하면 엄마가 먹는 음식의 향·맛 분자가 양수와 모유로 전달되고, 그 경험이 이유식 초기의 선호에까지 이어질 수 있습니다. 즉, 태내·수유기의 풍부한 맛 노출은 이후 낯선 식재료 수용을 높여줍니다(Mennella, Jagnow & Beauchamp, 2001).

▶ 신생아-영아기는 수용성이 높고, 이후 '네오포비아(새 음식 거부)'가 커진다 : 생후 첫해에는 새로운 음식에 대한 거부가 상대적으로 약하지만, 걸음마~유아기(대략 18~24개월 이후)에 새 음식 회피(네오포비아)가 뚜렷해지고, 학령기 즈음 점차 완화되는 경향이 있습니다. 그래서 생후~만 5세 전후까지가 다양한 맛에 친숙해지기 좋은 시기이므로, 이 시기에 다양한 음식을 경험하는 것이 중요합니다(Beauchamp & Mennella, 2011).

▶ '반복 노출'이 핵심 전략 : 한 채소를 8~10회 이상 맛보게 하면 수용이 유의미하게 증가합니다(Andrea et al., 2007). 여러 채소를 교차 반복해도 효과가 확인되었고, 부모가 집에서 짧게라도 반

8 생후 4개월에서 7개월 사이에 아기가 새로운 맛과 향을 쉽게 받아들이는 결정적인 시기를 의미합니다.

복 노출하면 수용이 올라간 무작위대조연구(RCT)도 있습니다(Schwartz, et al., 2011). "한 번 거부는 영원한 거부가 아니다"가 실증 근거입니다.

▶ '질감 창'도 놓치지 않기 : 6~10개월 무렵 이유식 시기에 질감·조각 음식을 너무 늦게 도입하면(예 10개월 이후) 신경 발달·섭식 기술에 불리할 수 있다는 최근 근거가 나오고 있습니다.

이러한 이론적 근거에 의해 요즘은 이유식 트렌드도 바뀌고 있습니다. 과거에는 쌀미음부터 시작해 어른이 숟가락으로 떠먹여 주는 방식이 일반적이었습니다. 하지만 최근에는 아이의 자율성과 주도성을 존중하는 새로운 이유식 트렌드가 주목받고 있습니다. 바로 '자기주도 이유식(BLW : Baby-Led Weaning)'입니다.

자기주도 이유식은 퓨레 형태의 음식을 떠먹여 주는 대신, 아이가 직접 손으로 잡고 먹을 수 있도록 찐 채소 스틱이나 과일 조각 등을 제공하는 방식입니다. 아이는 음식을 직접 만지고, 냄새 맡고, 으깨보고, 맛보면서 음식과 친해질 시간을 갖습니다. 이 과정은 다음과 같은 중요한 발달을 이끌어냅니다.

● 오감 발달과 긍정적 관계 형성

아이들은 음식을 오감으로 탐색하며 식사 자체를 즐거운 '놀이'로 인식하게 됩니다.

● 소근육 및 구강 발달

음식을 잡고, 입으로 가져가고, 씹는 과정을 통해 눈과 손의 협응력, 그리고 씹는 능력이 자연스럽게 발달합니다. 이렇게 입 주위 근육 발달은 나중에 언어 발달과도 밀접한 관련이 있습니다.

● 자기조절능력 향상

자신이 먹고 싶은 것과 먹고 싶은 양을 스스로 결정하면서, 아이는 자신의 몸이 보내는 배고픔과 배부름의 신호를 존중하는 법을 배웁니다. 이는 아기가 스스로 조절하기 때문에 과식·소식의 위험이 낮고, 음식에 대한 긍정적 태도를 가질 가능성이 높아집니다. 무엇보다 가장 큰 장점은, 아이가 '식사의 주체'가 된다는 점입니다. 어른이 일방적으로 먹이는 '식사 전쟁'의 구도에서 벗어나, 아이가 스스로 탐색하고 먹는 과정을 기다려주고 격려해 줄 때, 아이는 음식에 대한 건강한 호기심과 긍정적인 첫인상을 갖게 됩니다.

식탁 위의 탐험가 : 스스로 먹는 즐거움

이 건강한 첫 단추를 끼우려는 우리 어른들의 노력을 한순간에 수포로 돌리는 가장 강력한 적이 있습니다. 바로 '식사 중 스마트폰 영상 시청'입니다. '영상 보며 밥 먹기'는 당장 밥 한 그릇을 쉽게 먹이는 데는 성공할지 몰라도, 아이가 스스로 먹는 즐거움과 능력을 배우는 결정적인 기회를 박탈하고, '영상 없이는 밥을 안 먹는' 또 다른 중독의 씨앗을 심는 행위임을 우리 어른들은 명심해야 합니다.

물론 모든 아이에게 자기주도 이유식이 정답은 아닐 수 있습니다. 어른주도 이유식 방법과 자기주도 방식을 혼합하는 등 아이들의 특성에 따라 조절할 수 있습니다. 중요한 것은 '아이의 자율성을 존중하고 있는가'를 우리 어른들이 끊임없이 성찰하는 것입니다. 숟가락의 주도권을 아이에게 넘겨주는 작은 시도가 아이를 평생의 식사 전쟁에서 구하고, 음식과의 건강한 관계를 맺게 하는 첫 단추가 될 수 있습니다.

2) 미디어가 주입하는 '마른 몸' 신화와 '폭식'의 유혹

아이들이 조금 더 성장하면, 이 식사 전쟁에 '미디어'라는 강력한 외부의 적이 개입하기 시작합니다. 미디어는 아이들의 식사 시간과 음식에 대한 가치관, 그리고 자기 몸에 대한 이미지까지, 모든 것을 뒤흔드는 막강한 영향력을 행사하며, 음식과 신체에 대한 두 가지 극단적이고 왜곡된 이미지를 동시에 아이들에게 쏟아냅니다.

● 식탁 위의 침입자 : '영상 없이는 밥을 안 먹어요'

가장 먼저, 미디어는 식사 시간 그 자체를 침범합니다. 아이가 밥을 잘 먹지 않을 때, 스마트폰으로 영상을 보여주는 것은 너무나 쉽고 효과적인 해결책처럼 보입니다. 하지만 이 행위는 아이의 건강한 식습관을 형성하려는 모든 노력을 정면으로 방해하는 가장 위험한 적입니다.

▶ 오감 발달 기회 박탈 : 아이는 음식을 만지고, 냄새 맡고, 맛보는 대신 오직 스크린만 봅니다.

- **자기주도성의 파괴 :** 앞서 다루었던 것처럼 '자기주도 이유식'의 핵심은 아이가 식사의 주체가 되어 음식을 탐색하고 자신의 몸 신호를 배우는 것입니다. 하지만 영상에 정신을 빼앗긴 아이는 식사의 주체에서 수동적인 객체로 전락합니다. 아이는 음식의 맛과 질감을 느끼지 못하고, 자신의 포만감 신호에 귀 기울이지 못한 채, 그저 화면을 보기 위해 기계적으로 입을 벌릴 뿐입니다.
- **소근육 발달 저해 :** 스스로 음식을 집어 입으로 가져가는 중요한 소근육 발달 과정을 연습할 기회를 잃습니다.
- **잘못된 조건 형성 :** 뇌는 '음식=즐거움이 아닌 영상=즐거움'으로 인식하게 됩니다. 결국 영상이라는 보상이 없으면 식사를 거부하는 악순환이 시작되며, 아이는 음식 자체에서 즐거움을 찾는 능력을 잃어버리게 됩니다.

● 화면 속의 식탐 : '먹방'과 맛집 프로그램의 영향

마른 몸에 대한 동경을 심어주는 동시에, 미디어는 정반대의 극단인 폭식(Binge-eating)과 식탐을 재미있는 놀이처럼 포장하여 보여 줍니다. 바로 먹방과 미식 콘텐츠입니다.

산더미처럼 쌓인 자극적인 음식(맵고, 짜고, 단)을 한 사람이 엄청난 속도로 먹어 치우는 먹방과 더 특별하고 강렬한 맛을 찾아다니는 맛집 탐방 프로그램은 아이들에게 왜곡된 인식을 심어 줍니다.

- **자극적인 맛과 폭식 정상화 :** 먹방은 과도하게 많이 먹는 행위를 비정상적이거나 건강을 해치는 행동이 아닌, 대단한 능력이나

재미있는 도전처럼 미화합니다. 이는 아이들에게 폭식에 대한 심리적 경계심을 허물어뜨립니다. 또한 극단적으로 맵거나 기름진, 혹은 아주 단 음식을 '최고의 맛'으로 묘사합니다. 이러한 콘텐츠에 반복적으로 노출된 아이는, 담백하고 건강한 음식은 '싱겁고 맛없는 것'으로, 외식이나 배달 음식의 자극적인 맛을 정상적인 기준으로 학습하게 될 위험이 큽니다.

- 먹는 행위의 과시적 소비화 : 미식 프로그램은 음식을 맛과 영양으로 즐기는 것을 넘어, 유명한 맛집을 정복하는 경험이나 SNS에 과시할 수 있는 아이템으로 변질시킵니다. 이는 음식을 경험의 대상이 아닌 소비와 과시의 대상으로 여기게 만들어, 아이들에게 왜곡된 소비문화를 조장할 수 있습니다.
- 건강과 포만감의 단절 : 먹방과 맛집의 핵심은 영양이나 건강, 혹은 자신의 몸이 보내는 배부름 신호가 아닙니다. 오직 시청각적 쾌감과 대리만족, 과시적인 소비뿐입니다. 이러한 콘텐츠에 반복적으로 노출된 아이는 음식을 우리 몸을 건강하게 만드는 고마운 존재가 아닌, 오직 쾌락을 위한 도구로만 인식하게 될 위험이 큽니다.
- 음식에 감사함의 결여 : 너무나 쉽게 음식을 평가하고 소비하는 미디어 환경은, 식재료를 기른 사람의 땀이나 음식을 만든 사람의 정성 등 음식에 대한 감사함을 배울 기회를 앗아갑니다.

이처럼 미디어는 한편으로는 비현실적인 마른 몸을 강요하며 음식에 대한 거부감을 심어주고, 다른 한편으로는 폭식과 미식이라는 유희로 포장하며 음식에 대한 탐닉을 부추깁니다. 이 극단적인 두 메시지 사이에서 아이들은 음식과의 건강한 관계를 맺는 데 큰 혼란을 겪게 되며, 이는 거식과 폭식이라는 섭식 장애의 두 얼굴로 발현될 수 있습니다.

3) 해결책 : 음식이 아닌 마음을 돌보는 첫걸음

섭식 장애는 단순히 '먹는 문제'가 아니라 감정, 스트레스, 자기 통제력과 밀접하게 연관된 심리적 어려움입니다. 아이가 배고프지 않은데도 폭식하거나, 음식에 집착하거나, 식사를 거부한다면 왜 그런 감정이 들었는지 함께 탐색해 보는 것이 필요합니다.

● 비난보다 공감과 대화 먼저

"왜 그렇게 많이(혹은 적게) 먹니?"처럼 다그치거나 비난하기보다는 "오늘은 어떤 일이 있었어?", "기분이 안 좋을 때 음식을 찾게 되니?"처럼 감정을 먼저 묻는 대화가 우선입니다. 아이가 음식을 '감정 해소의 도구'로 쓰고 있을 때, 그 감정을 안전하게 표현할 수 있도록 돕는 것이 첫 번째 회복의 열쇠입니다.

● 가족이 함께 식사하는 시간 만들기

가족이 함께하는 식사 시간을 규칙적으로 만들어주세요. 식사 시간에 스마트폰이나 TV 등 방해 요인을 멀리하고, 음식과 대화에 집중하는 습관을 기를 수 있도록 도와주세요. 식사 중 "오늘 가장 좋았던 일(혹은 힘들었던 일)은 뭐였어?" 등 정서적 소통 질문을 하면서 자연스럽게 아이들의 일상을 나누는 시간을 가지면 좋습니다.

● **음식에 대한 강요·통제 대신 '자율성' 존중**

"다 먹어야 해", "이것만 먹어" 식의 강압은 섭식 장애를 심화시킬 수 있습니다. 먹는 양, 종류를 일방적으로 제한하지 말고 스스로 선택할 기회를 주고, 건강한 선택을 함께 고민해 주세요.

미디어가 주입하는 왜곡된 신체 이미지는 아이의 자존감을 갉아먹고 음식과의 건강한 관계를 파괴합니다. 이는 아이가 건강한 몸과 마음으로 살아갈 '생존권'과 긍정적 자아를 형성하며 성장할 '발달권'을 위협하는 문제입니다. 우리 어른들의 배려가 아이들을 건강하고 행복하게 자랄 수 있도록 함께 노력해야 하겠습니다.

6 관계 중독 : '너 없으면 안 돼'의 위험한 신호

내면의 공허함이나 결핍을 채우기 위해 특정 대상에 강박적으로 의존하는 경향을 '관계 중독'이라고 부릅니다(Peele & Brodsky, 1975). 이는 사랑이나 친밀감 같은 건강한 관계를 맺는 능력이 부족할 때 그 결핍을 특정 인물에게 병적으로 의존하고 집착함으로써 채우려는 시도입니다. 영유아기에 이 문제는 특정 또래 친구 한 명에게 과도하게 집착하고, 그 친구가 없으면 극심한 불안을 느끼며, 다른 모든 활동을 거부하는 모습으로 나타나곤 합니다. 요즘은 '가상관계 중독(cyber-relationship addiction)'도

사회적 문제가 되고 있습니다. 가상관계 중독이란 인터넷의 채팅방, 메신저, 개인 홈페이지 등의 사이버 공간에서 맺은 인간관계에 중독되는 현상입니다(광주서구중독관리 통합지원센터, n.d).

1) 애착인가, 집착인가 : 건강한 관계와의 차이점

물론 아이들이 단짝 친구를 만들고 깊은 우정을 나누는 것은 매우 자연스럽고 긍정적인 발달 과정입니다. 하지만 건강한 애착 관계와 위험한 집착(중독적 관계) 사이에는 결정적인 차이가 있습니다.

● **건강한 애착**

서로에게 긍정적인 영향을 주며 함께 성장합니다. 단짝 친구와 함께일 때 즐겁지만, 그 친구가 없어도 다른 친구들과 어울리거나 혼자서도 잘 놀 수 있습니다. 관계의 중심에 신뢰와 안정감이 있습니다.

● **중독적 집착**

관계의 중심에 불안과 두려움이 있습니다. 그 친구가 없으면 아무것도 할 수 없고, 그 친구의 모든 것을 통제하려 하며, 다른 친구와 노는 것을 극도로 질투하고 방해합니다. 이는 관계를 통해 안정감을 얻는 것이 아니라, 오히려 관계 자체가 불안의 원인이 되는 악순환을 만듭니다.

2) '정서적 허기'와 낮은 자존감

1부에서 살펴보았듯 특정 친구에게 집착하는 아이의 내면에는 건강한 애착으로 채워져야 할 '정서적 컵'이 비어있는 경우가 많습니다. 부모와의 애착 관계에서 충분한 안정감을 얻지 못했거나 스스로에 대한 긍정적인 인식이 부족한 아이는 특정 친구를 '나의 전부'로 여기며 그 관계에 모든 것을 의존하게 만듭니다. 이러한 정서적 결핍은 마치 텅 빈 컵을 채우기 위해 단 하나의 수도꼭지에만 매달리는 것과 같습니다. 이는 친구를 동등한 인격체로 존중하는 법을 배우는 것이 아니라, 자신의 결핍을 채우기 위한 '수단'으로 사용하는 왜곡된 관계 맺음의 시작이 될 수 있습니다.

또한 영유아기에 형성된 관계의 청사진, 즉 내적 작동 모델(Internal Working Model)은 아이가 성장한 뒤에도 무의식적으로 모든 인간관계에 영향을 미칩니다(Bowlby, 1969). 특히 연인과 같이 매우 친밀한 관계에서 그 원초적인 모습이 다시 드러나곤 합니다. 물론 비약적인 추론이라고 생각할 수도 있겠습니다. 하나의 원인이 하나의 결과를 만들어내지는 않습니다. 사람이 보이는 행동의 원인은 다양할 수 있습니다. 다만, 어른들이 아이들의 건강한 관계 맺음을 돕는 것이 얼마나 중요한지를 강조하고자 하는 의미입니다.

● 정서적 허기 → 병적인 집착과 의존

어린 시절 채워지지 않았던 인정과 사랑에 대한 갈망은, 성인이 되어 연인에게 그 모든 것을 채워달라는 비현실적인 기대로 이어질 수 있습니다. 상대방을 독립된 인격체로 사랑하는 것이 아니라, 나의 공허함을 채워줄 수단으로 여기게 되는 것입니다. 이는 연인의 모든 것을 통제하려 하거나, 잠시라도 연락이 되지 않으면 극심한 불안을 느끼는 등 건강하지 못한 집착으로 나타날 수 있습니다(Hazan & Shaver, 1987).

● 낮은 자존감 → 데이트 폭력의 씨앗

스스로를 가치 없는 존재라고 느끼는 낮은 자존감은, '나는 사랑받을 자격이 없다'는 깊은 믿음에서 비롯됩니다. 이런 사람은 연인이 자신을 떠나는 것을, 어린 시절 부모에게 거절당했던 경험의 끔찍한 재현으로 느낍니다. 이 버림받을지 모른다는 극심한 공포는, 상대를 떠나지 못하게 하려는 통제와 폭력(데이트 폭력)이라는 극단적인 방식으로 표출될 수 있습니다(Fonagy, 2001). "네가 없으면 난 죽어"라는 말은 사랑의 표현이 아닌, 미해결된 어린 시절의 상처가 보내는 위험신호일 수 있습니다.

● 불안정 애착 → 건강하지 못한 이별

안정적인 애착을 형성한 사람은 이별을 고통스럽지만 성장의 일부로 받아들일 수 있습니다. 하지만 불안정 애착을 가진 사람은 이별을 '세상의 끝' 또는 '나라는 존재의 완전한 부정'으로 받아들입니다. 이는 이별 후에도 상대에게 끊임없이 매달리거나, 반대로 상대를 향한 극심한 분노와 복수심을 표출하는 등 건강하게 관계를 마무리 짓지 못하는 모습으로 나타납니다(Mikulincer & Shaver, 2016).

이처럼 영유아기에 아이의 '정서적 컵'을 충분히 채워주고, 스스로를 소중한 존재로 여기게 돕는 것은, 단순히 행복한 아이를 키우는 것을 넘어, 훗날 타인을 존중하고 건강하게 사랑할 줄 아는 성인을 키워내는 가장 근본적인 토대를 마련하는 일입니다.

3) 텅 빈 마음의 두 가지 탈출구

특정 친구에게 집착하는 아이와 새로운 장난감을 끊임없이 원하는 아이. 두 행동은 겉보기엔 달라 보이지만, 그 뿌리에는 채워지지 않은 '정서적 허기'와 낮은 자존감이 자리 잡고 있다는 공통점이 있습니다.

부모와의 애착 관계에서 충분한 안정감을 얻지 못한 아이는, 그 텅 빈 마음을 채우기 위해 외부의 대상에 필사적으로 의존하게 됩니다. 그 대상이 '사람(특정 친구)'이 되면 관계 중독의 모습으로, '물건(장난감, 캐릭터 굿즈)'이 되면 쇼핑 중독의 모습으로 나타나는 것입니다.

● **사람에게 향할 때**

특정 친구를 '나의 구원자'나 '나의 전부'로 여기며 그 관계에 모든 것을 의존하려 합니다.

● **물건으로 향할 때**

애착 인형이나 담요를 넘어, 새로운 장난감이나 캐릭터 상품을 끊임없이 소유함으로써 안정감을 얻으려 합니다. 사람은 나를 실망시키거나 떠날 수 있지만, 물건은 항상 그 자리에 있으며 나를 배신하지 않기 때문입니다.

사람은 나를 실망시키거나 떠날 수 있지만, 물건은 항상 그 자리에 있으며 나를 배신하지 않는다는 점에서, 어떤 아이들에게는 물건이 더 안전한 애착 대상이 되기도 합니다. 결국 두 행동 모두, 아이가 자신의 결핍을 채우기 위한 '수단'으로서 외부 대상을 이용하는 왜곡된 관계 맺음의 시작이라는 점에서 동일한 위험성을 가집니다. 특정 관계에 대한 집착은 다양한 또래와 어울리며 사회성을 기를 아이의 '발달권'을 제한하며, 나아가 타인과 동등하고 건강한 관계를 맺는 법을 배우지 못하게 함으로써 아이의 전인적 성장을 저해할 수 있습니다.

4) 해결책 : '자기만의 힘'을 길러주는 어른의 역할

영유아기 아이들이 관계 중독 증상을 보이는 경우는 매우 드뭅니다(APA, 2022).[9] 그러나 건강한 관계를 맺는 데 방해가 되는 경험을 지속적으로 한다면 관계에 집착하거나 또는 관계를 회피하는 극단적인 행동으로 발전할 수 있기 때문에 건강한 관계를 맺을 수 있도록 하며, 친구 관계에 지나치게 의존하지 않아도 스스로 온전함을 느낄 수 있는 건강한 자존감과 독립성을 길러 주어야 합니다.

● 부모와의 안정적 애착 재확인

가장 중요한 출발점입니다. 만약 이 시기에 안정적인 애착이 형성되지 않으면, 아이는 세상과 관계 맺는 방식에 깊은 상처를 안고 자라게 됩니다. 양육자의 반응이 비일관적일 경우, 아이는 버림받을지 모른다는 불안감에 항상 상대의 사랑을 확인하려 하는 불안

9 '관계 중독'은 복잡한 인지 및 사회적 관계 패턴을 전제로 하므로, 해당 개념이 영유아에게 적용되지 않습니다. 정신질환 진단 및 통계 편람(DSM-5)에서는 영유아기에 나타나는 심각한 관계 문제를 '관계 중독'이 아닌 '반응성 애착 장애(Reactive Attachment Disorder)'와 같은 애착 문제로 분류합니다. 이는 영유아의 관계 문제가 중독의 패턴이 아닌 주 양육자와의 안정적인 애착 형성에 실패한 결과로 본다는 것을 의미합니다.

정 애착(불안형 애착)을 형성할 수 있습니다. 이는 훗날 연인에게 병적으로 집착하거나 건강하게 헤어지지 못하는 모습으로 이어질 수 있습니다.

● '혼자 노는 힘' 길러주기

아이가 혼자서도 즐겁게 몰입할 수 있는 놀이 환경을 만들어주세요. 아이가 좋아하는 블록, 그림 그리기, 점토 놀이 등을 함께 시작하되, 점차 어른이 살짝 빠져 아이가 놀이를 주도하고 완성해 나가는 경험을 하게 해주세요. 혼자서 무언가를 해냈다는 성취감은 아이의 자존감을 키우는 최고의 영양분입니다.

● 다양한 관계의 경험 제공하기

특정 친구에게만 의존하지 않도록 다양한 또래와 어울릴 수 있는 기회를 마련해 주는 것이 좋습니다. 기관에서는 교사가 의도적으로 소그룹 활동을 구성하여, 아이가 여러 친구와 협력하고 소통하는 경험을 할 수 있도록 도울 수 있습니다.

● 아이의 감정 읽어주기

아이가 친구와의 관계로 인해 힘들어할 때 "왜 걔하고만 놀려고 해?"라고 다그치기보다 "○○이가 없어서 속상했구나. 정말 놀고 싶었겠다."라며 아이의 감정을 먼저 충분히 공감하고 위로해 주세요. 아이는 자신의 감정을 존중받는 경험을 통해 스스로 감정을 조절하는 힘을 기르게 됩니다.

결국 아이가 타인과의 건강한 관계를 맺기 위해서는, 그전에 자기 자신과 먼저 건강한 관계를 맺어야 합니다. 우리 어른들의 역할은 아이가 타인이라는 기둥에 기대어 서는 법을 가르치기 전에, '친구와 함께일 때 더 빛나지만 혼자서도 굳건히 설 수 있는' 단단한 자존감과 독립성의 뿌리를 먼저 내려주는 것입니다.

3부

어떻게 보호할 것인가?
: 권리와 안전의 관점

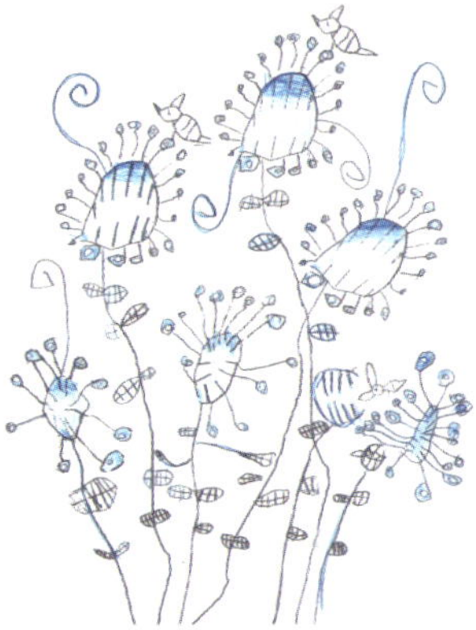

2부까지의 여정을 통해 우리는 중독의 문제와 그 깊은 뿌리를 확인하며 다소 무거운 마음을 안게 되었을지도 모르겠습니다. 이제 3부에서는 분석을 넘어 희망을 이야기할 차례입니다. 중독이 문제라면, 그것을 이겨낼 근본적인 힘은 어디에 있을까요? 그 해답은 우리가 책의 맨 앞에서 마주했던 가장 근본적인 가치, 바로 아이들이 마땅히 누려야 할 권리와 우리가 반드시 지켜주어야 할 안전의 관점으로 돌아가는 데 있습니다.

1장

'권리'라는 안경으로 우리 아이 바라보기

아이를 중독의 위험에서 구하기 위한 모든 노력의 출발점은, 아이를 바라보는 우리 어른들의 시선을 근본적으로 바꾸는 것에서 시작합니다. 아이를 키우고 가르치는 우리 어른들의 일상은 종종 보상 없는 노동처럼 느껴지기도 합니다. 사랑이라는 이름 아래 행해지는 이 모든 헌신이 때로는 너무나 당연하게 여겨져, 그 위대한 가치를 우리 스스로 잊어버리곤 합니다.

하지만 이 모든 일상의 의미를 송두리째 바꿔주는 마법 안경이 있다면 어떨까요? 힘겨운 노동의 무게는 덜어주고, 그 안에 숨겨진 찬란한 가치를 발견하게 해주는 안경 말입니다.

1 권리의 시작

오랫동안 우리 사회는 아이를 어른에게 속한 작은 존재, 가문을 잇거나 국가를 유지하기 위한 수단으로 여기기도 했습니다. 하지만 수많은 사람들의 노력과 성찰 속에서 인류는 위대한 진실 하나를 깨닫게 됩니다. 아이는 누군가의 소유물이 아니라, 태어나는 그 순간부터 고유한 인격을 가진 한 명의 온전한 '사람'이라는 사실입니다. 그리고 사람이라면 누구나 성별, 나이, 사는 곳과 상관없이 행복하고 건강하게 살아갈 기본적인 권리, 바로 '인권'을 가집니다(UN, 1984).

20세기에 들어, 이러한 인권 사상은 세계인권선언 등을 통해 전 세계적인 약속이 되었습니다. 특히 아직 미성숙하여 스스로를 지키기 힘든 아이들에게는 어른들의 특별한 보호와 보살핌이 필요하다는 생각이 더해져, 마침내 '아동권리'라는 개념이 탄생했습니다.

2 영유아의 권리

'권리(Right)'란 어떤 일을 당당히 할 수 있고, 타인에게 마땅히 요구할 수 있는 힘이자 자격입니다(민법총칙, n.d). 즉, '아동권리'란 만 18세 미만의 모든 사람이 마땅히 누려야 할 힘과 자격을 의미합니다. 그렇다면 우리가 매일 만나는 영유아의 권리는 어떻게 이해해야 할까요? 그것은 바로, 이 작고 어린 생명체가 한 명의 시민으로서 존중받으며, 건강한 성장을 위해 필요한 모든 보호와 보살핌을 받을 세상의 약속이라 할 수 있습니다. 즉, 한 아이가 이 세상에 태어나면서부터 마땅히 누려야 할 존엄성과 가능성에 대한 약속입니다.

이 위대한 약속은 크게 네 가지 기둥으로 이루어져 있습니다. 바로 생존권, 보호권, 발달권, 참여권입니다(UNCRC, 1989). 이 네 가지 기본권은 아이가 인간다운 생활을 누리기 위해 국가와 사회에 요구할 수 있는 권리(사회권)와, 누구에게도 침해받지 않을 개인의 자유(자유권)를 모두 아우르는 약속의 핵심입니다. 하지만 이 거대한 약속들이 쏟아진 우유와 잠투정으로 가득한 우리의 일상과 무슨 상관이 있을까요? 바로 이 지점에서, 우리에게는 아주 특별한 안경, 즉 인식의 전환이 필요합니다.

'권리'라는 안경은 바로 이 일상의 의미를 송두리째 바꿔주는 마법 같은 도구입니다. 이 안경을 쓰는 순간, 힘겨운 노동의 무게는 덜어지고 그 안에 숨겨진 찬란한 가치가 드러나기 시작합니다. 어제와 똑같았던 우리의 하루는, 이 새로운 시선을 통해 전혀 다른 풍경으로 다시 태어납니다.

기저귀를 갈아주는 시간은 더 이상 반복적인 노동이 아닙니다. 아이의 몸을 보송하게 지켜주는 그 손길은 '너는 소중하고 깨끗하게 보호받을 가치가 있는 존재'라는 첫 자존감을 심어주는 아이의 생존권과 건강권을 지켜주는 숭고한 행위가 됩니다.

아이의 서툰 말과 행동에 반응하는 시간 역시 마찬가지입니다. 의미 없는 소리나 통제로만 여겨졌던 순간은 아이가 자신의 생각과 느낌을 표현하고 존중받고 싶어 하는 참여권이 싹트는 위대한 순간으로 재해석됩니다. 설령 위험해서 "안 돼!"라고 막아야 할 때라도, 그 외침은 아이를 구속하는 것이 아니라 유해한 환경으로부터 아이를 지켜줄 보호받을 권리를 실현하는 든든한 울타리가 됩니다.

어른이 하던 일을 잠시 멈추고 아이가 혼자 노는 것을 지켜보는 시간 역시, 아이의 세상이 무럭무럭 자라는 것을 목격하는 경이로운 순간입니다. 블록을 쌓으며 세상의 원리를 배우고, 인형과 대화하며 마음의 근육을 키우는 그 시간은, 아이의 놀이권과 발달권을 보장해 주는 가장 중요한 교육의 현장입니다.

장난감을 두고 다투는 아이들을 중재하는 시간은 교사에게는 혼란스러운 문제 상황이 아니라, 아이들이 세상에서 가장 어려운 '관계 맺는 법'을 배우는 가장 중요한 '배움의 시간'이 됩니다.

이처럼 '권리'라는 안경을 통해 바라본 우리의 하루는 더 이상 소모적인 노동이나 문제해결의 반복이 아닙니다. 아이의 온전한 성장을 돕는 의미 있고 숭고한 순간들로 가득 차 있습니다.

3 권리의 주체

그렇다면 이 소중한 권리를 지켜야 할 책임은 누구에게 있을까요? 바로 우리 모두에게 있습니다. 아이의 권리는 아이 자신, 부모를 포함한 양육자, 그리고 사회 및 국가라는 세 주체가 함께 지켜나갈 때 온전히 실현됩니다(김은설 외, 2009). 아이는 다른 사람의 권리를 존중할 책임을 배우고, 부모는 아이를 안전하고 건강하게 양육할 일차적 책임을 지며, 사회와 국가는 아이들을 위한 정책과 법률을 통해 가장 튼튼한 울타리가 되어줄 책임을 갖습니다(유상범 외, 2017).

가정에서 아이의 첫 세상을 열어주는 양육자도, 교실에서 아이의 두 번째 세상을 넓혀주는 교사도, 모두 한 아이의 인권이 처음으로 실현되는 가장 중요한 현장에 서 있습니다. 여러분은 세상에서 가장 위대한 '핵심 인권 옹호자(Key Human Rights Advocate)'입니다.

이 책은 우리 어른들에게 더 많은 의무를 지우기 위해 쓰이지 않았습니다. 오히려 우리가 매일 행하는 그 위대한 일들의 가치를 스스로 깨닫고, 지친 어깨를 펴고, 서로를 격려하며 자부심을 느끼게 하기 위해 쓰였습니다.

④ 세상이 어린이에게 약속한 것들

이제 우리는 '권리'라는 특별한 안경을 썼습니다. 그 안경을 쓰자 우리의 평범한 하루가 아이의 권리를 지켜주는 위대한 순간들로 채워져 있음을 발견했습니다. 그렇다면 그 렌즈에 새겨진 약속들은 구체적으로 어떤 내용일까요? 그것은 몇몇 전문가가 만들어낸 어려운 이론이 아닙니다. 바로 전 세계 어른들이 모든 아이들에게 건넨 인류 역사상 가장 위대한 약속입니다.

유엔 아동권리협약 내용

1989년, 세계의 지도자들은 유엔(UN)에 모여 이 약속을 하나의 문서로 담아냈습니다. 이것이 바로 유엔아동권리협약(UN Convention on the Rights of the Child)입니다. 이 약속은 어떤 아이도 소외되거나 차별받아서는 안 된다는 강한 믿음에서 출발합니다. 그 중심에는 모든 어른이 반드시 기억해야 할 네 가지 대원칙이 있습니다.

● 비차별의 원칙

"네가 어디서 태어났든, 어떤 모습을 하고 있든, 부모님이 누구이든 상관없이, 너는 똑같이 소중한 존재란다."라는 약속입니다.

● 아동이익 최우선의 원칙

"우리 어른들이 무언가를 결정할 때, 무엇이 너에게 가장 좋은 일일지 맨 먼저 생각하겠다."라는 약속입니다.

● 생존과 발달의 원칙

"너의 생명을 지키는 것을 넘어, 너의 몸과 마음, 정신이 잠재력을 마음껏 펼치며 건강하게 자라도록 돕겠다."라는 약속입니다.

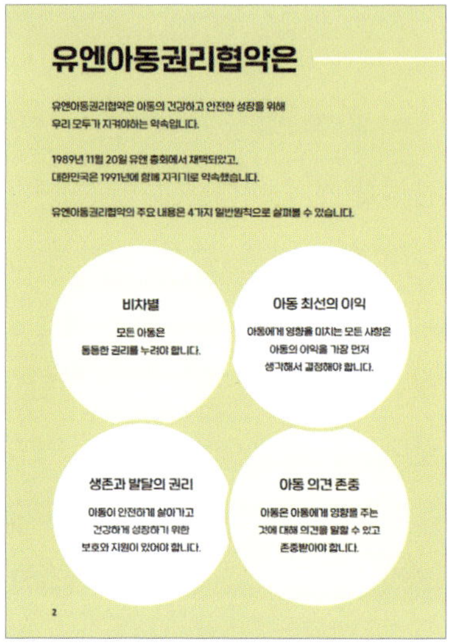

유엔 아동권리협약 원리

● 아동 의견 존중의 원칙

"너의 목소리에 귀를 기울이겠다. 너의 생각, 너의 느낌, 너의 의견은 모두 존중받을 가치가 있다."라는 약속입니다.

이 네 가지 약속은 아이들의 생존, 보호, 발달, 참여에 대한 모든 구체적인 권리들의 뿌리가 됩니다. 하지만 이토록 아름다운 약속들이 현실에서 꽃을 피우기 위해서는, 반드시 먼저 채워져야 할 단 하나의 조건이 있습니다. 바로 아이가 '안전'하다고 느끼는 것입니다.

2장

안전, 모든 권리의 토대

아이의 권리를 한 톨의 씨앗에 비유해 봅시다. 아무리 훌륭한 품종의 씨앗이라도, 차갑고 딱딱한 돌바닥 위에서는 싹을 틔울 수 없습니다. 씨앗에게는 부드럽고 영양분이 풍부한 흙이 필요합니다. 아이의 권리라는 씨앗에게, 그 비옥한 토양의 역할을 하는 것이 바로 '안전(Safety)'입니다.

1부에서 우리는 중독이라는 바이러스가 어떻게 아이들의 삶에 침투하는지 확인했습니다. 그렇다면 이 바이러스로부터 우리 아이를 지켜낼 가장 강력한 '예방 백신'은 무엇일까요? 놀랍게도 그 해답은 바로 1장에서 살펴본 '아이의 권리를 존중하는 것'에 있습니다. 우리가 아이의 권리를 존중하는 매 순간 아이의 마음속에는 세 가지 강력한 항체가 생성됩니다.

● 백신 1 : "안정 애착"

2부에서 살펴보았듯, 중독의 깊은 뿌리에는 정서적 허기가 있습니다. 아이의 신호에 반응하고 권리를 존중해 주는 것은 아이의 정서적 컵을 가득 채워주는 행위입니다. 이 '안정 애착'이라는 백신을 접종한 아이는 굳이 외부의 가짜 위안에 손을 뻗을 필요가 없습니다.

● **백신 2 : "자기존중감"**

권리를 존중받으며 자란 아이는 '나는 있는 그대로 소중한 사람'이라는 건강한 자존감을 형성합니다. 이 '자기존중감'이라는 백신을 맞은 아이는 외부의 물질이나 타인의 인정에 의존하지 않고 자신의 내면에서 만족감을 찾는 힘을 기릅니다.

● **백신 3 : "자기조절력"**

권리를 존중하는 양육은 아이의 참여권을 인정하면서도, 보호권을 바탕으로 건강한 한계를 설정해 줍니다. 이 '자기조절력'이라는 백신은 중독의 유혹 앞에서 스스로 '멈춤'을 선택할 수 있는 뇌의 브레이크를 단련시킵니다.

이 백신을 아이에게 접종하는 구체적인 방법이 바로 '안전'이라는 튼튼한 울타리를 세워주는 것입니다.

1 장벽(barrier) 세우기

안전하다고 느끼지 못하는 아이는 새로운 것을 탐험하며 발달할 수 없습니다(발달권 침해). 두려움에 떠는 아이는 마음껏 놀이에 집중할 수 없으며(놀이권 침해), 자신의 의견을 자신 있게 말하지 못합니다

(참여권 침해). 즉, 안전은 모든 권리가 피어나기 위한 가장 근본적인 전제조건입니다(오병선 외, 2011).

이때 우리가 말하는 안전은 두 가지 차원을 가집니다.

첫째는 신체적 안전입니다. 굶주림이나 추위, 질병과 사고의 위험으로부터 몸을 보호하는 것입니다. 이것은 눈에 보이며, 우리가 직관적으로 이해하는 안전의 영역입니다. 이것은 아이의 몸이 머무는 '집'을 안전하게 지켜주는 일입니다. 여기에 더해, 눈에 보이지 않는 환경 속 유해 물질로부터 아이를 지키는 것 역시 매우 중요한 신체적 안전 울타리입니다.

둘째는 정서적 안전입니다. 눈에 보이지 않지만 아이의 내면세계를 지탱하는 훨씬 더 중요한 안전입니다. 정서적 안전이란, '나는 어떤 감정을 느끼고 어떤 실수를 해도, 내 곁의 어른들은 여전히 나를 사랑하고 받아줄 것'이라는 흔들리지 않는 믿음입니다. 이 믿음이 없는 아이, 즉 정서적으로 안전하지 못한 아이는 끊임없이 불안해하며 위로와 위안을 외부에서 찾으려 합니다. 그리고 바로 이 지점에서, 중독이라는 위험한 적이 아이의 삶에 스며들기 시작합니다(오루미, 2025).

그렇다면 이토록 중요한 안전을 우리 어른들은 어떻게 만들어줄 수 있을까요? 아이의 삶 둘레에 4개의 튼튼한 울타리를 세워주는 것으로 그 구체적인 방법을 상상해 볼 수 있습니다.

2 우리 아이를 지키는 분야별 안전 울타리

● 첫째, 신체적 안전 울타리

가장 기본이 되는 울타리입니다. 아이의 손이 닿는 곳에 위험한 약품을 두지 않고, 자동차에 탈 때 카시트를 사용하는 것, 영양가 있는 음식을 제공하고, 아플 때 병원에 데려가는 모든 행위가 이 울타리를 세우는 것입니다. 아이들은 장난감을 입에 넣고, 바닥을 기어 다니며, 어른보다 호흡량이 많아 납, 수은과 같은 중금속이나 비스페놀 A(BPA)와 같은 환경호르몬에 훨씬 더 취약합니다. 이러한 유해 물질은 아이의 정상적인 뇌 발달과 호르몬 체계를 교란하여, 장기적으로는 충동 조절 능력과 집중력을 떨어뜨려 중독에 더 취약한 뇌를 만들 수 있습니다. 따라서 안전성이 검증된 장난감을 선택하고, 주기적으로 집 안을 환기하며, 플라스틱 제품 사용에 주의를 기울이는 것은 아이의 신체적 건강과 더불어 건강한 뇌 발달의 토대를 지켜주는 중요한 실천입니다.

● 둘째, 정서적 안전 울타리

마음의 '집'을 지어주는 일입니다. 일관된 규칙과 예측 가능한 하루를 만들어주는 것, 아이가 화를 내거나 슬퍼할 때 그 감정을 "화가 많이 났구나" 하고 있는 그대로 읽어주는 것, 우리 어른들이 실수했을 때 "미안해"라고 먼저 사과하는 모습까지 모두 포함됩니다.

이 튼튼한 정서적 울타리 안에서 아이는 실패를 두려워하지 않는 용기와 건강한 자존감을 키웁니다(보건복지부·인구보건복지협회, 2023).

● 셋째, 관계적 안전 울타리

아이가 세상과 맺는 '연결'을 지켜주는 일입니다. 아이에게 "너의 몸은 소중한 너의 것이야. 다른 사람이 함부로 만지게 해서는 안 돼."라고 가르치는 것, 아이에게 신뢰할 수 있는 어른과 경계해야 할 낯선 사람에 대해 알려주는 것, 친구와 다투었을 때 건강하게 화해하는 법을 함께 고민해 주는 것 모두가 이 울타리에 해당합니다.

● 넷째, 디지털 안전 울타리

우리 부모 세대는 경험하지 못했던, 새롭게 세워야 할 가장 중요한 울타리입니다. 폭력적이고 선정적인 콘텐츠, 아이의 개인정보를 노리는 위험, 과도한 자극으로 뇌의 균형을 무너뜨리는 알고리즘으로부터 아이를 보호하는 것입니다. 이 보이지 않는 울타리는 이전의 세 가지 울타리보다 훨씬 더 교묘하게, 그리고 쉽게 무너질 수 있습니다.

이처럼 아이의 권리를 존중하는 마음으로, 네 가지 안전 울타리를 튼튼하게 세우는 것. 이것이야말로 중독이라는 '보이지 않는 적'들로부터 우리 아이를 보호하는 가장 근본적인 해답입니다.

4부

'첫 번째 습관'을 바꾸는 실천

1장 과잉의 시대, 결핍된 마음 : 중독을 이기는 가장 근본적인 힘

2장 가정 편 : 우리 집 '중독 예방·해독' 프로젝트

3장 기관 편 : 함께 지키는 우리 아이들

4장 사회 편 : 아이들을 위한 단단한 안전망

5장 우리 아이가 이미 중독인 것 같습니다. 너무 늦은 걸까요?

3부에서 우리는 아이를 지키기 위한 철학적 나침반인 '권리'와 '안전'을 다시 한번 마음에 새겼습니다. 이제 4부에서는 그 나침반이 가리키는 방향으로, 구체적인 지도를 펼쳐 들 시간입니다.

설탕, 미디어, 캐릭터, 왜곡된 신체 이미지…. 이 모든 문제의 뿌리를 깊이 파고 내려가면, 우리는 결국 두 가지의 거대한 원인과 마주하게 됩니다. 바로 '과잉(Excess)'과 '결핍(Deficit)'입니다. 이 진단을 바탕으로 가정, 기관, 그리고 사회라는 삶의 모든 영역에서, 우리 어른들이 아이의 건강한 '첫 번째 습관'을 디자인하기 위해 무엇을 실천해야 하는지에 대한 구체적인 여정을 시작하겠습니다.

1장

과잉의 시대, 결핍된 마음 : 중독을 이기는 가장 근본적인 힘

우리 아이들은 인류 역사상 가장 풍요로운 시대에 태어났지만, 역설적으로 가장 해로운 것들에 과잉 노출되어 있습니다. 너무 많은 설탕과 가공식품, 감당할 수 없을 만큼 빠르고 자극적인 미디어, 잠시도 쉴 틈을 주지 않는 소음과 정보가 아이들의 뇌와 마음을 공격합니다. 동시에 아이들은 생존에 필수적인 것들의 결핍 속에서 자라고 있습니다. 햇볕 아래에서 마음껏 뛰어놀 시간의 결핍, 부모와 깊은 눈을 맞추며 교감할 여유의 결핍, 그리고 무엇보다 심심함 속에서 자신만의 세계를 창조해 나갈 기회의 결핍이 아이들의 내면을 텅 비게 만들고 있습니다.

1 잊혀진 해답 : 우리 몸의 지혜

그렇다면 이 과잉을 비워내고 결핍을 채울 수 있는 가장 근본적이고 강력한 해답은 어디에 있을까요? 놀랍게도 그 해답은 가장 원초적인 곳, 바로 신체 움직임에 있습니다(PennState Extension, 2016).

"건강한 신체에 건강한 정신이 깃든다(A Sound Mind in a Sound Body)"는 고대의 격언은 현대 뇌과학을 통해 명백한 사실로 증명되고 있습니다(NIF Play, n.d).

● 움직임은 아이들의 언어

우리 어른들은 언어로 생각하고 감정을 표현하지만, 아직 언어가 미숙한 아이들에게 움직임은 곧 생각이고 감정입니다. 아이는 넘어지고 일어나면서 중력을 배우고, 친구와 몸을 부딪치며 사회적 경계를 배웁니다. 기쁠 때 방방 뛰면서 환희를, 화가 날 때 발을 구르며 분노를 온몸으로 표현하고 해소합니다. 이처럼 신체활동은 아이가 세상과 소통하고 자신의 내면을 통합하는 가장 중요한 언어입니다.

● 뇌과학적 근거

아이들이 마음껏 뛰고, 오르고, 구르고, 춤추는 동안 뇌에서는 엔도르핀, 세로토닌, 그리고 도파민과 같은 신경전달물질이 '건강한 방식'으로 분비됩니다. 이는 인위적인 자극으로 만들어내는 폭발적인 쾌감이 아니라, 뇌의 균형을 잡아주는 천연 항우울제이자 행복 물질입니다. 신체활동은 또한 충동을 조절하는 전두엽의 발달을 직접적으로 촉진하여 중독에 저항하는 뇌의 '브레이크'를 단련시킵니다.

● 뇌를 깨우는 숨겨진 감각들 : 고유수용감각과 전정감각

신체 움직임이 중요한 이유는 단순히 에너지를 소모하고 도파민과 같은 긍정적인 신경전달물질을 분비하기 때문만은 아닙니다. 움직임은 눈에 보이지 않는 두 가지 핵심적인 감각, 즉 '고유수용감각'과 '전정감각'을 발달시키는 거의 유일한 방법이기 때문입니다. 이 두 가지 감각이야말로 아이의 정서 조절과 집중력의 숨겨진 뿌리입니다(Ayres, 2005).

- ▶ 고유수용감각(Proprioception) : 우리 몸의 근육과 관절에 위치하여 눈으로 보지 않아도 내 몸이 어디에 있고 어떻게 움직이는지 알게 해주는 감각입니다. 이 감각은 매달리기, 밀기, 당기기, 무거운 물건 들기 등의 활동을 통해 발달하며, 뇌를 각성시키고 정서를 안정시키는 효과가 있습니다. 이 감각이 부족한 아이는 자신의 신체를 통제하기 어려워 불안감을 느끼고, 더 강한 외부 자극을 추구하는 경향을 보일 수 있습니다.
- ▶ 전정감각(Vestibular Sense) : 우리 귀 안쪽에 위치하여 균형과 중력을 느끼는 감각입니다. 그네 타기, 구르기, 빙빙 돌기, 거꾸로 매달리기 등의 활동을 통해 발달하며, 집중력, 읽기 능력, 감정 조절 능력의 토대가 됩니다. 이 감각이 불안정한 아이는 쉽게 산만해지고, 감정 기복이 심해질 수 있습니다.

● 소마틱스(Somatics)와 몸이라는 닻

최근 주목받고 있는 '소마틱스'는 몸과 마음의 연결을 통해 스스로를 치유하는 지혜를 의미합니다. 아이들은 태어날 때부터 최고의 소마틱스 전문가입니다. 배고프면 울고, 기쁘면 온몸으로 웃으며 자신의 몸이 보내는 소리에 정직하게 반응합니다. 하지만 과잉 자극, 스마트폰과 같은 인공적인 자극, 그리고 결핍의 환경은 아이가 자신의 몸이 보내는 신호에 귀 기울이는 능력을 잃게 만듭니다. 중독이란 결국 내 몸의 진짜 목소리를 무시하고, 외부의 가짜 목소리에 의존하는 상태입니다. 따라서 건강한 신체 움직임을 통해 아이가 자기 몸의 감각과 신호를 다시 신뢰하게 돕는 것이야말로, 중독을 이기는 가장 근본적인 치유의 과정입니다. 이에 대한 내용은 기회가 되면 다른 저서에서 심도 있게 다루도록 하겠습니다.

건강한 신체 움직임을 통해 아이가 자기 몸의 감각과 신호를 다시 신뢰하게 돕는 것은 중독을 이기는 가장 근본적인 치유 과정입니다. 충분한 신체활동을 통해 고유수용감각과 전정감각이 발달한 아이는, 자신의 '몸이라는 닻(Anchor)'을 내리고 세상에 단단히 뿌리내릴 수 있습니다. 과잉 자극이라는 거친 파도가 몰아쳐도, 이 튼튼한 닻을 가진 아이는 쉽게 휩쓸려가지 않을 것입니다.

2 우리 어른들의 약속 : 함께 만드는 안전한 환경

과거에는 "한 아이를 키우려면 온 마을이 필요하다"고 했습니다. 하지만 마을 공동체가 해체된 오늘날 이 말은 수정되어야 합니다. 이제는 "한 아이를 건강하게 키우기 위해 온 국가와 사회가 필요하다"고 말입니다.

우리 아이들이 마음껏 뛰어놀 수 있는 안전한 공원을 더 많이 만들고, 아이들을 상업적 유해 환경으로부터 보호하는 법적 제도를 강화하며, 과도한 학습 경쟁의 압박을 줄여주는 사회적 합의가 필요합니다. 가정과 기관, 그리고 사회가 힘을 합쳐 아이들을 위한 단단한 '안전망'을 함께 구축해야 합니다.

2장

가정 편 : 우리 집 '중독 예방·해독' 프로젝트

가정은 아이가 세상과 만나는 첫 번째 교실이자 가장 중요한 안전 울타리입니다. 아이의 건강한 '첫 번째 습관'을 디자인하기 위해 오늘부터 온 가족이 함께 시작할 수 있는 4단계 중독 해독 프로젝트를 제안합니다.

1 인정하고 기록하기 : 우리 집 중독 지수 체크리스트

모든 변화의 시작은 문제를 정확히 아는 것에서부터 출발합니다. "우리 집은 괜찮아"라는 막연한 생각에서 벗어나, 다음 체크리스트를 통해 우리 아이와 가정의 미디어 및 식습관 현황을 객관적으로 점검해 보세요. 일주일 동안 아이의 행동을 관찰하며 솔직하게 기록하는 것이 중요합니다.

우리 집 중독·과의존 위험 체크리스트[1]

■ 미디어 습관

- ☐ 식사 시간에 스마트폰이나 TV를 본다.
- ☐ 외출 시 아이를 얌전히 있게 하려고 스마트폰을 준다.
- ☐ "조금만 더!" 하며, 미디어 사용 시간이 약속보다 자주 길어진다.
- ☐ 스마트폰이나 TV를 꺼달라고 하면, 떼를 쓰거나 울거나 화를 낸다. ★
- ☐ 아이 혼자 스마트폰을 보도록 내버려 둘 때가 많다.
- ☐ 놀이·산책 등 다른 활동보다 미디어를 더 원한다.
- ☐ 미디어 없이 있으면 금방 지루해하거나 짜증을 낸다.
- ☐ 아이가 혼자 미디어를 사용할 때, 어떤 내용을 보는지 자주 확인하지 않는다.
- ☐ 광고나 뽑기, 보상형 게임에 반복적으로 집착한다. ★
- ☐ 미디어를 사용하며 동시에 간식, 특히 단 음식(과자, 음료 등)을 먹는다.
- ☐ 아이 사진이나 영상을 찍어 SNS 등에 자주 올리거나, 앱·서비스에 정보 제공 동의 절차 없이 사진·영상을 공유한다.
- ☐ "심심해"라는 말을 할 때마다 스마트폰을 찾는다.
- ☐ 부모 역시 아이 앞에서 습관적으로 스마트폰을 본다.

■ 관계 및 정서와 관련 습관

- ☐ 아이가 화가 나거나 속상할 때, 바로 스마트폰·TV·간식 등으로 달랜다.
- ☐ 친구와 다툼이 생겼을 때, 대화를 통해 풀기보다 피하거나 울고 끝내는 일이 많다.

---

1 본 체크리스트는 WHO(2019)·AAP 등 국제 건강지침(2020), PMUM-SF 국제 평가도구(2019) 및 국내외 미디어·생활습관·정서 안전 권고안을 토대로 유아교육·가정 현장에서 쉽게 사용할 수 있도록 재구성하였습니다. 습관의 위험 정도를 체크하는 용도로 사용 가능하며, 병리학적 판정을 위한 도구가 아님을 밝힙니다.

- ☐ "안 놀아", "싫어", "다시는 안 볼 거야" 같은 말을 자주 쓴다. ★
- ☐ 칭찬이나 보상이 없으면 바로 활동을 그만두려 한다.
- ☐ '잘못했다', '나는 못 해' 같은 부정적 말을 반복적으로 한다. ★
- ☐ 어른이 하지 말라고 하는 행동을 반복하며, 주의받으면 크게 흥분하거나, 자기감정을 몸으로(밀기, 던지기) 표현한다.
- ☐ 가족이나 선생님과의 대화 중 눈 맞춤이 부족하거나 표정·몸짓으로 감정을 표현하기 어렵다.
- ☐ 잠들기 전 불안해하거나, 악몽을 자주 꾸고 낮에도 쉽게 예민해진다.
- ☐ 자신의 물건(장난감, 기기 등)을 다른 사람에게 빌려주거나 나누는 걸 어려워한다.

■ 식생활 습관

- ☐ 부모/ 교사가 먹으라고 할 때만 억지로 먹는다.
- ☐ 식사 중 입맛에 맞지 않는 음식은 입에 넣고 뱉거나, 먹기를 거부한다.
- ☐ 하루에 한 번 이상 가공된 단맛(과자, 젤리, 사탕 등)을 먹는다. ★
- ☐ 물보다 단맛이 나는 음료수(주스, 이온음료 등)를 더 자주 마신다. ★
- ☐ 특정 음식(주로 인스턴트)이 아니면 밥을 잘 먹으려 하지 않는다. ★
- ☐ 식사 시간에 스마트폰, TV 등 미디어를 보는 일이 자주 있다. ★
- ☐ 밥을 먹으면서 간식이나 음료수를 함께 먹는다.
- ☐ 식사 때마다 한 가지 음식(흰쌀, 빵, 국수 등)만 계속 먹으려 한다.
- ☐ 간식(과자, 초콜릿, 빵 등)을 식사 대신 먹는 경우가 있다. ★
- ☐ 밥이나 반찬을 국, 음료 등에 말아 한꺼번에 넘겨 먹는다.
- ☐ 스트레스를 받거나 심심할 때, 간식을 찾는 일이 많다.
- ☐ 밥을 먹기 전에 과자, 음료 등 달콤한 것을 먼저 먹으려 한다.
- ☐ '밥 잘 먹으면 간식 줄게'와 같이 음식을 보상으로 사용한다. ★

[결과 분석]

체크된 항목이 많을수록, 우리 집의 '과잉 자극' 수치가 높고 '건강한 상호작용의 결핍'이 심각하다는 신호입니다.

- **7문항 이하 체크** 아주 건강한 습관이 형성되어 있습니다. 현재 습관을 유지하세요.
- **8~11개 체크** 생활습관, 놀이, 관계 점검과 미디어 사용 규칙 등 개선이 필요합니다.
- **12개 이상 체크 또는 각 항목 ★ 2개 이상** 상담·전문기관과 연계하고 집중 개선이 필요합니다.

2 비워내기 : 디지털 디톡스와 설탕 덜어내기

체크리스트를 통해 우리 집의 문제점을 파악했다면, 이제 과감히 '비워낼' 차례입니다. 처음에는 아이의 큰 저항에 부딪힐 수 있지만, 단호하고 일관된 태도를 유지하는 것이 중요합니다.

1) 디지털 디톡스

아이가 울거나 칭얼댈 때, 혹은 공공장소에서 조용히 시키기 위해 무심코 스마트폰을 건네주고 있지는 않나요? 이는 아이의 감정을 해결하는 것이 아니라 더 강한 자극으로 덮어버리는 '디지털 쪽쪽이'[2]를 물리는 것과 같습니다. 이 손쉬운 해결책이 아이의 자기조

2 아이가 울거나 떼를 쓸 때, 어른이 아이의 근본적인 감정이나 욕구를 해결해 주기보다 즉각적인 문제해결을 위해 스마트폰 등을 제공하는 행위를 비유적으로 이르는

절력 발달을 어떻게 방해하는지 기억하며, 과감히 비워내는 결심이 필요합니다.

● 스크린 프리 존(Screen-Free Zone) 만들기

- 식탁과 아이의 침실에는 스마트폰, 태블릿, TV 등 모든 스크린 기기를 두지 않는 공간임을 가족 모두와 선언하세요.
- 아이 눈높이에 '이곳은 스크린 프리 존!' 표지판을 함께 만들어 붙여보세요.

● 스크린 프리 타임(Screen-Free Time) 정하기

- 잠들기 전 1시간과 아침에 일어나서 1시간은 모든 가족구성원이 스크린을 보지 않는 시간으로 약속합니다. 이 시간은 뇌가 휴식을 취하고, 가족이 서로에게 집중하는 소중한 시간이 됩니다.
- 이 시간에는 책 읽기, 대화, 몸놀이, 가벼운 산책 등 함께하는 활동을 추천합니다.
- '미디어 없는 이동시간' 만들기 : 자동차, 지하철, 대중교통 등 이동 중 미디어 대신 창밖 풍경 보기, 짧은 이야기 나누기, 노래 부르기 등 '느린 시간' 경험을 함께합니다.
- '스크린 프리 타임' 스티커 캘린더를 만들어 성공할 때마다 칭찬·함께 사진 남기기 등 긍정적 경험을 더하세요.

대중적인 용어입니다. 이는 아이가 스스로 감정을 조절하는 법을 배울 기회를 박탈한다는 비판적인 의미를 담고 있습니다.

가장 중요한 것은 '어른 먼저 실천하는 모습'입니다. 부모가 식탁에서 스마트폰을 본다면, 아이에게만 보지 말라고 하는 것은 설득력을 잃습니다. 이 규칙은 아이를 위한 통제가 아니라 가족 모두의 건강한 소통을 위한 약속임을 기억해야 합니다.

● 콘텐츠 다이어트 시작하기

- 빠르고 자극적인 숏폼 영상 대신 서사가 있는 애니메이션, 자연 다큐멘터리, 예술·동물 관찰 영상 등 '느린 미디어' 위주로 시청합니다.
- 영상 시청 시 부모와 함께 공동 시청(Co-viewing)하고, 시청 후 짧게 내용·느낀 점을 대화해 보세요.
- 시청 시간과 콘텐츠 종류를 기록해 보면 사용 습관을 더 쉽게 점검할 수 있습니다.
- 유해 콘텐츠 차단 앱 적극 활용 : 아이에게 스마트 기기를 줄 때는 반드시 유해 콘텐츠를 걸러주는 앱이나 자녀보호 기능을 활성화해야 합니다. 이는 아이를 우연한 위험으로부터 지켜주는 최소한의 '디지털 안전벨트'입니다.

3-6-9-12 캠페인

정신과 의사인 세르주 더세론(Serge Tisseron)이 제안한, 어린이의 발달 단계에 따른 건강한 디지털 기기 사용 지침

3-6-9-12+, des écrans adaptés à chaque âge

연 령	핵심권고	의 도
3세 미만	"Pas d'écran avant 3 ans" (3세 이전에는 화면 금지)	오감 중심 활동을 통해 정서 및 언어 발달 지원
6세 이전	"Pas de jeux vidéo avant 6 ans" (6세 이전에는 게임기 사용 금지)	창의력과 운동성을 기르는 활동을 장려
9세 이전	"Pas d'internet seul avant 9 ans" (9세 이전에는 인터넷 단독 사용 금지)	함께 인터넷을 탐색하며 안전한 사용 습관 형성
12세 이전	"Pas de smartphone, réseaux sociaux avant 12 ans" (12세 이전 스마트폰·SNS 금지)	사회적 관계 맺기를 우선하고 디지털 과몰입 방지
12세 이후	"Après 12 ans" (부모와의 대화 기반 신뢰 사용)	자율성과 책임 있는 사용 습관 구축 강조

- 상단 문구 : VOTRE ENFANT A BESOIN DE VOTRE REGARD
  → "당신의 아이는 당신의 '시선'을 필요로 합니다."
- 하단문구 : NE LAISSEZ PAS UN ÉCRAN VOUS SÉPARER
  → "화면(스마트폰)이 당신과 아이를 갈라놓게 두지 마세요.

사진 | prevenclic
https://www.3-6-9-12.org/nos-affiches/

2) 설탕 줄이기

설탕 줄이기(Sugar Detox)는 '모든 단 것을 금지'하는 거창한 선언이 아니라 몇 가지 핵심적인 습관을 바꾸는 작은 결심에서부터 시작됩니다.

● 음료수부터 끊기

- 설탕이 든 음료수(주스, 이온음료, 탄산, 가당 요거트 등)는 집 안에서 아예 구입하지 않는 것을 원칙으로 삼으세요.
- 아이가 목말라할 때는 반드시 물을 먼저 권하는 습관을 들이세요.
- 단맛 단계적 줄이기 : 처음부터 모두 없애기 힘들 수 있습니다. 단 간식·음료의 횟수/ 양을 2~3일에 한 번으로 줄여가세요.

● '진짜 간식'으로 대체하기

- 과자와 젤리 대신 고구마, 감자, 옥수수, 과일, 견과류, 삶은 달걀 등 자연식품을 접시에 담아 아이 눈높이·손이 잘 닿는 곳에 두세요.
- 간식 준비와 먹는 과정을 아이와 함께 요리·준비하는 활동으로 연결하면 식습관 개선 효과가 더 큽니다.

● '라벨 읽기' 습관화

- 장을 볼 때 영양성분표의 '당류' 함량을 아이와 함께 확인하는 놀이로 삼으세요.
- 시리얼, 케첩, 소스, 요구르트, 베이커리 등 의외로 당이 높은 식품이 많으니 '숨은 설탕 찾기' 미션을 만들어보세요.

● '진짜 맛'을 가르치는 미각 교육

▶ 다양한 맛 표현 알려주기 : '상큼하다', '고소하다', '아삭아삭하다', '담백하다' 등 다양한 맛 표현을 함께 나누면 아이의 미각이 더 섬세하게 발달합니다.

▶ 식재료 탐구 놀이 : 당근을 직접 씻고 잘라보며 "주황색 당근에서는 어떤 맛이 날까?"라고 질문을 던져 호기심을 자극해 주세요. 닫혀있던 아이의 입맛이 즐거운 탐험을 통해 서서히 열리게 될 것입니다.

설탕 줄이기의 궁극적인 목표는 아이가 자연의 맛을 즐기게 하는 것입니다. 아이와 함께 음식의 맛을 탐색하고 표현하는 시간을 가져 보세요. 비워낸다는 것은 단순히 없애는 것이 아니라 가족이 함께 새로운 습관과 즐거운 경험을 채워나가는 과정입니다.

3 채워 넣기 : 아이의 결핍을 채우는 네 가지 선물

과잉 자극을 비워낸 빈자리는 아이의 뇌와 마음에 필수적인 '긍정적 경험'으로 가득 채워주어야 합니다. 그리고 일관성과 격려의 피드백, 실패도 인정하고 다시 도전하는 태도가 가장 중요한 성공의 열쇠입니다.

● 선물 1 : 온몸으로 놀아주기

스마트폰보다 더 재미있는 것이 바로 '엄마·아빠'라는 것을 아이가 몸으로 느끼게 해주세요. 하루 단 15분이라도 좋습니다. 스마트폰은 잠시 내려놓고, 아이와 함께 바닥을 뒹굴고, 간지럼을 태우고, 이불 동굴을 만드는 등 격렬한 신체 놀이를 해보세요. 부모와의 스킨십은 아이의 '정서적 컵'을 채우는 가장 강력한 충전기입니다. 또한 이러한 격렬한 신체 놀이는 아이의 뇌를 안정시키는 고유수용감각과 전정감각을 발달시키는 최고의 활동이기도 합니다.

● 선물 2 : 자연 속에서 놀게 하기

자연에서 놀기

흙, 물, 나뭇잎, 돌멩이는 돈으로 살 수 없는 최고의 장난감입니다. 주말에는 의무적으로라도 아이를 데리고 가까운 공원이나 숲으로 가세요. 아이가 흙을 만지고, 풀냄새를 맡고, 햇볕을 쬐는 동안 아이의 뇌는 인공적인 자극이 줄 수 없는 건강한 에너지를 가득 채우게 됩니다. 스트레스를 줄이고 집중력을 높여주는 자연의 힘을 저는 '비타민 G(Green)'[3]라고 부릅니다. 비타민 G는 아이의 몸과 마음에 꼭 필요한 필수 영양소입니다.

● 선물 3 : 심심할 권리 돌려주기

아이가 "심심해!"라고 말할 때, 즉시 해결책을 제시하려는 조급함을 내려놓으세요. "음, 정말 심심하겠다. 뭘 하면 재미있을까?"라고 되물어주며, 아이가 스스로 놀 거리를 찾을 때까지 기다려주세요.

---

3 '비타민 G'는 Green(자연)의 G에서 따온 저자의 말입니다. 자연환경에서의 경험이 아이의 건강한 성장과 발달에 필수적임을 강조하는 비유적 표현입니다.

이 심심한 시간이야말로 아이의 창의력과 독립성이 싹트는 가장 소중한 순간입니다.

● **선물 4 : 이야기와 감정 나누기**

하루 한 번, 아이와 눈을 맞추고 서로의 감정, 오늘 있었던 일, 작은 고민도 함께 나눠보세요. 책 읽어주기, 오늘 하루 그림일기 그리기, 감정카드로 오늘 기분 나누기 등도 아주 좋습니다. 아이의 이야기에 진심으로 귀 기울여주는 것은 "너의 생각과 감정은 중요하단다"라고 말해주는 것이며, 이는 아이의 '참여권'을 존중하는 가장 기본적인 실천입니다.

아이의 결핍을 채운다는 것은 새로운 활동만 늘린다는 뜻이 아닙니다. 부모, 교사, 친구, 자연, 심심함, 그리고 '실패도 괜찮은 경험'을 아이의 일상에 '천천히, 그러나 꾸준히' 채워나가는 것, 넘어져도 다시 일어날 수 있는 힘을 키워주는 것이 진짜 양육·진짜 교육입니다.

4 함께 성장하기 : 우리 어른들의 약속

이 모든 프로젝트의 성공은 결국 우리 어른들의 변화에서부터 시작됩니다. 아이들의 삶을 올바른 길로 안내하려면 가장 가까이에서 모델이 되어주는 어른이 먼저 변해야 합니다.

● **어른 먼저 내려놓기 : 모범이 가장 강력한 교육**

아이에게만 스마트폰을 금지할 수는 없습니다. 아이의 눈앞에서 우리 어른이 스마트폰을 내려놓는 그 순간, 진짜 변화가 시작됩니다. 식사 시간·대화 시간·놀이 시간엔 핸드폰, TV, 태블릿, 노트북 모두 치우고 온전히 아이와 눈을 맞추는 시간을 늘려주세요.

● 완벽하지 않아도 괜찮아 : 실패를 받아들이는 어른의 태도

새로운 규칙이나 실천은 때로 무너질 수도 있습니다. 아이에게도, 어른에게도 '실패'와 '예외'는 일상의 일부입니다. 그럴 때마다 "괜찮아, 내일부터 다시 시작하면 돼"라고 스스로 다독이며, 포기하지 않고 다시 시도하는 태도 자체가 아이에게 가장 큰 배움이 됩니다.

● 나 자신을 먼저 돌아보기 : 어른의 '순간의 마취제'는 무엇인가?

아이의 중독 문제를 해결하는 여정은 종종 우리 어른 자신을 비추는 거울과 마주하는 일에서 시작됩니다. 아이의 스마트폰 사용을 걱정하기 전에, 우리는 먼저 스스로에게 질문해야 합니다. "나는 스트레스를 받을 때, 지친 마음을 달래기 위해 무엇에 의존하고 있는가?"

우리 어른들의 삶 역시 고단합니다. 끝없는 책임감과 피로 속에서, 우리 역시 각자의 '순간의 마취제'를 찾곤 합니다. 퇴근 후 멍하니 스마트폰 스크롤에 빠져들거나, '오늘 하루 수고한 나를 위한 보상'이라며 달콤한 야식을 찾거나, 아이의 장난감을 사주면서 나의 쇼핑 욕구를 채우고 있지는 않은가요?

우리가 의식하지 못하는 사이 아이는 이 모든 모습을 스펀지처럼 흡수합니다. 아이는 단순히 우리의 행동을 따라 하는 것이 아니라, '어려운 감정을 다루는 방법' 자체를 통째로 배우는 것입니다.

결국 아이를 돕는 가장 강력한 길은 거창한 마스터플랜으로 숙련된 조교처럼 아이들을 훈육하는 것이 아닙니다. 우리 어른들이 먼저 자신의 감정을 건강하게 마주하고 다루는 모습을 보여주는 것입니다. 이것은 사실 방법은 쉽지만 꾸준함이 어려운 것임을 우리 모두 알고 있습니다. 우리가 먼저 자신의 '정서적 컵'을 건강한 방법으로 채울 때, 아이 역시 그 모습을 보고 배우며, 더 이상 가짜 위안에 의존할 필요 없이 자신의 어려움을 건강하게 해결하는 법을 배울 수 있습니다.

● 통제가 아닌 연결을 위한 자기 돌봄(Self-care)

밑 빠진 독으로는 물을 부을 수 없습니다. 우리 어른들의 마음이 불안과 피로로 텅 비어 있다면, 아이에게 안정감을 채워줄 수 없습니다. 아이의 중독적 행동을 '통제'하려는 시도는 어른과 아이 모두를 지치게 할 뿐입니다. 아이와 진정으로 '연결'되기 위해서는 먼저 우리 스스로를 돌봐야 합니다. 하루 10분이라도 좋아하는 음악을 듣거나, 따뜻한 차를 마시거나, 친구와 통화하는 등 나 자신을 위한 시간을 의식적으로 확보하세요. 스스로를 돌보는 것은 결코 이기적인 행동이 아닙니다. 아이에게 더 좋은 어른이 되기 위한 가장 책임감 있는 노력입니다.

● 함께, 그리고 꾸준히 : 모두가 함께 만드는 변화의 힘

이 프로젝트는 단기간에 끝나는 숙제가 아닙니다. 가정과 교육기관이 함께 참여하는 '장기 캠페인'입니다. 가족이 모여 약속을 정하고, 교육기관에서도 같은 목표를 공유하며 서로 격려하고 실천해 나갈 때, 아이들은 일상 속에서 자연스럽게 건강한 습관과 자기조절력을 기를 수 있습니다.

3장

기관편 : 함께 지키는 우리 아이들

유치원과 어린이집은 아이에게 가정을 벗어나 만나는 '첫 번째 사회'입니다. 이곳에서 아이는 또래와 관계 맺는 법을 배우고, 규칙과 질서를 익히며, 세상에 대한 지식을 확장해 나갑니다. 따라서 기관은 가정과 함께 아이를 중독의 위험으로부터 지키고, 건강한 습관을 형성하는 가장 중요한 '공동 양육자'이자 '전문가 집단'입니다.

이 장에서는 교육현장의 교사와 기관 관계자들이 아이들의 건강한 성장을 위해 실천할 수 있는 네 가지 핵심 전략을 제안합니다.

1 '미디어 지혜' 기관 만들기 : 디지털 기기의 현명한 사용 원칙

디지털 네이티브인 아이들에게 미디어를 무조건 금지하는 것은 현실적이지도, 바람직하지도 않습니다. 중요한 것은 '사용하느냐 마느냐'가 아니라 '어떻게 사용하느냐'입니다. 기관은 명확한 철학을 바탕으로 미디어 사용에 대한 원칙을 세워야 합니다.

● 원칙 1 : '디지털 쪽쪽이'가 아닌 '디지털 교구'로 사용하기

아이들을 조용히 시키거나, 교사의 편의를 위해 영상을 틀어주는 것은 최악의 사용법입니다. 디지털 기기는 반드시 교사의 명확한 교육적 의도 아래, 아이들의 학습과 탐구를 돕는 '교구'로 활용되어야 합니다. 이제는 디지털과 아날로그를 구분하는 것 자체가 무의미합니다. 오래 전 유아 디지털 분야의 연구를 시작하면서, 또 오랫동안 유아 디지털 교육 관련 연구를 해오면서 일관성 있게 주장한 것은 '아이들의 놀이를 확장할 수 있도록 사용하는 것이 가장 중요한 원칙'이었습니다. 아이들의 배움을 확장할 수 있다면 디지털 놀잇감과 아날로그 놀잇감을 필요에 따라 선택해서 제공하면 됩니다. 다만, 디지털은 특성상 조심스럽게 사용하는 것이 타당합니다.

● 원칙 2 : 혼자가 아닌 함께 사용하고, 명확한 규칙을 공유하기

디지털 활동은 반드시 교사나 또래와 함께하는 사회적 상호작용 속에서 이루어져야 합니다. 기관의 미디어 사용 원칙(예 우리 원은 아이들의 상호작용과 신체 놀이를 최우선으로 하며, 디지털 기기는 오직 교육적 목적을 위해 하루 15분 이내로 교사의 지도하에만 사용합니다)을 명확히 정하고, 이를 모든 교사와 학부모에게 투명하게 공유하여 신뢰를 쌓아야 합니다.

2 '건강한 미각'을 키우는 급식 : 식습관 교육의 생활화

기관의 급식과 간식은 아이의 신체적 건강뿐만 아니라 평생의 식습관을 결정하는 중요한 교육의 장입니다.

● 숨겨진 설탕과 가공식품 줄이기

영양 기준을 지키는 것을 넘어, 조리 과정에서 사용되는 설탕, 물엿, 액상과당 등의 사용을 최소화하려는 노력이 필요합니다. 소시지, 어묵 등 아이들이 좋아하는 가공식품의 사용 빈도를 줄이고, 자연 식재료 본연의 맛을 느낄 수 있는 식단을 제공해야 합니다.

● 음식과 친해지는 시간

식재료를 직접 만지고 탐색하는 활동은 최고의 편식 예방 교육입니다. 텃밭에서 방울토마토를 직접 길러보거나 아이들과 함께 콩나물을 다듬고, 오이로 모양을 찍는 등 요리 활동을 교육 과정에 적극적으로 포함시켜야 합니다. 자신이 직접 기르고 만든 음식에 대한 애정은 그 어떤 교육보다 효과적입니다.

● 요리 활동에 참여하기

깍두기를 함께 담그거나, 텃밭에서 기른 상추로 샌드위치를 만드는 등 요리 활동을 특별한 행사가 아닌 교육 과정의 일부로 적극 포함시켜야 합니다.

● 생일 파티 문화 개선하기

생일 파티 때 외부에서 들어오는 과자, 케이크, 음료수는 기관의 모든 노력을 수포로 돌릴 수 있습니다. "우리 원에서는 아이들의 건강을 위해 생일 파티 때 과자 대신 아이들이 좋아하는 과일이나 직접 만든 건강한 간식을 함께 나눕니다."와 같은 원칙을 세우고, 부모님들의 이해와 협조를 구하는 소통이 필요합니다.

● 식사 예절보다 식사하는 즐거움을

물론 식사 예절은 중요합니다. 하지만 "떠들지 마!", "흘리지 마!"와 같은 지적과 통제는 식사 시간을 아이에게 긴장되고 불편한 시간으로 만들 수 있습니다. 교사는 아이들이 음식의 맛과 향을 느끼고, 친구들과 즐겁게 대화하며 '함께 먹는 즐거움'을 느낄 수 있는 편안한 분위기를 조성해 주는 데 더 집중해야 합니다.

3 '몸의 힘'을 믿는 교육 : 자연과 놀이가 최고의 교실

중독 예방의 가장 근본적인 해결책은 아이가 자신의 몸을 움직이는 즐거움을 알고, 스스로를 조절하는 내면의 힘을 기르는 것입니다.

● 바깥 놀이를 최우선으로

날씨가 나쁘다고 바깥 놀이를 포기하지 마세요. 적절한 복장을 갖춘다면, 비 오는 날의 웅덩이 첨벙거리기나 눈 오는 날의 눈싸움은 아이들에게 최고의 오감 자극이자 면역력을 키우는 기회입니다. 실내 활동보다 바깥 놀이를 교육 과정의 최우선 순위에 두어야 합니다.

● '위험 감수 놀이(Risky Play)'를 허용하기

높은 곳에 기어오르고, 아슬아슬한 곳을 건너고, 빠르게 달려보는 등 아이가 스스로 자신의 한계에 도전하고 성취감을 느끼는 '약간 위험한 놀이(모험 놀이)'는 필수적입니다. 교사의 안전한 감독 아래 이루어지는 위험 감수 놀이는 아이의 자신감과 문제해결력을 길러 주는 최고의 예방 백신입니다.

● 몸의 소리에 귀 기울이기

"모두 신나게 뛰었더니 심장이 쿵쾅쿵쾅 뛰네! 어디 한번 만져볼까?"와 같이, 아이들이 자신의 신체 감각에 집중하도록 유도해 주세요. 차분한 음악과 함께하는 명상이나 요가 시간을 통해 외부 자극 없이도 내면의 평온함을 찾는 법을 가르쳐주는 것도 중요합니다.

● 감각 통합(Sensory Integration) 활동 확장

단순한 움직임을 넘어, 촉각, 후각, 청각, 시각 등 여러 감각을 통합적으로 자극하는 활동을 제공합니다. 예를 들어, 숲에서 흙 만지기, 잎사귀 냄새 맡기, 새소리 듣기, 자연물로 그림 그리기 등 오감을 통합적으로 활용하면 뇌의 다양한 영역이 활성화되어 스트레스 해소와 감정 조절이 동시에 일어납니다.

● '느림'의 교육(Slow Education)

빠른 자극과 즉각적 보상에 익숙해지는 현대 아동들에게, 천천히 느끼고, 기다리고, 관찰하는 경험을 충분히 제공합니다. 예를 들어, 씨앗 심기, 관찰일지 쓰기, 성장 기다리기 등 '느림'을 체험하게 하며, 즉각적인 만족감 대신 인내와 성취의 기쁨을 경험하도록 지원합니다.

이러한 활동은 교실 안에서만 머무는 게 아니라, 가족·지역사회와 함께 자연 속 신체활동 프로젝트를 진행하면 좋습니다. 부모와 함께하는 바깥 놀이, 마을 산책, 텃밭 가꾸기, 지역 환경 보호 활동 등은 아이의 신체·사회·정서적 성장에 큰 시너지를 줄 수 있습니다.

4 가정과 손잡고 '공동 전선' 구축하기 : 신뢰와 소통

영유아의 성장과 발달은 단순히 유치원이나 어린이집에서의 경험만으로 완성되지 않습니다. 브론펜브레너의 생태학적 발달이론(Bronfenbrenner's Ecological Systems Theory)에 따르면, 아이들은 가정-교육기관-지역사회라는 다층적 환경의 상호작용 속에서 성장과 발달을 이루어갑니다. 기관과 가정이 각각 따로 노력할 때보다 '공동 전선(Communal Front)'을 형성하여 긴밀하게 협력할 때 아이들에게 가장 일관적이고 강력한 보호와 성장 환경을 제공할 수 있습니다.

● 전문적인 정보 제공

가정통신문이나 알림장 앱을 통해 단순히 "오늘은 바깥 놀이를 했습니다."라고 알리는 것을 넘어, "오늘 아이들은 흙을 만지고 비탈길을 오르며 놀았습니다. 이러한 '위험 감수 놀이(Risky Play)'는 아이의 도전 정신과 문제해결력을 길러주는 매우 중요한 활동입니다."와 같이, 활동의 교육적 의미를 함께 전달해 주세요. 이는 부모가 기관의 교육 철학을 이해하고 가정에서도 연계할 수 있도록 돕습니다.

● 부모를 '전문적인 동반자(파트너)'로 만들기

'스마트폰 전쟁을 끝내는 평화 협상 기술', '우리 아이 두뇌를 깨우는 건강 간식 만들기'와 같은 구체적인 주제로 부모 교육이나 워크숍을 정기적으로 개최하세요. 이는 기관이 단순한 보육 서비스를 넘어, 가정의 양육을 지원하는 전문적인 파트너라는 신뢰를 심어줍니다.

● 일관성 있는 원칙 공유

미디어 사용 규칙, 간식 정책 등 기관의 중요한 원칙들을 가정에서도 함께 지켜줄 것을 정중하고 단호하게 요청해야 합니다. 아이가 가정과 기관에서 서로 다른 규칙으로 인해 혼란을 겪지 않도록 일관성 있는 환경을 만들어주는 것이 우리 어른들의 가장 중요한 협력 과제입니다.

알림장/ 앱 메시지 예시

● **활동 결과+교육적 의미 동시 전달**

- 오늘은 비 오는 날이라 아이들과 함께 장화를 신고 물웅덩이를 뛰어놀았습니다.
- 이 활동을 통해 아이들은 감각을 깨우고, 비 오는 날의 자연을 온몸으로 경험했어요.
- 흙의 감촉과 빗소리를 느끼며 면역력도 키우는 소중한 시간이었습니다.

● **부모-자녀 연계 제안 메시지**

- 집에서도 오늘 경험을 이어갈 수 있어요!
- 아이와 함께 '오늘 느꼈던 빗방울 소리'나 '물웅덩이의 감촉'을 이야기 나눠 보세요.
- 자연 속 경험을 가족 대화로 확장하는 것이 아이의 언어 및 정서발달에 도움이 됩니다.

5 교사 자신을 위한 안전망 : '자기 돌봄'의 실천

아이들을 위한 튼튼한 울타리를 세우는 교사 역시, 스스로를 지켜줄 안전망이 필요합니다. 교사의 소진(burnout)은 단순히 개인의 어려움에서 그치지 않고, 아이들에게 제공되는 교육의 질과 정서적 환경에 직접적인 영향을 미치기 때문입니다. 쉴 새 없이 쏟아지는 아이들의 요구와 감정을 온몸으로 받아내다 보면, 교사 역시 지치고 힘든 순간에 가장 손쉬운 해결책, 즉 '디지털 쪽쪽이'와 같은 순간의 마취제에 의존하고 싶은 유혹을 느끼게 됩니다. 따라서 교사의 '자기 돌봄(Self-care)'은 선택이 아닌, 아이들에게 최상의 교육을 제공하기 위한 가장 근본적인 책임이자 전문성입니다. 기관과 교사 동료, 그리고 교사 스스로가 함께 만들어가는 자기 돌봄의 문화는 아이들을 중독의 위험에서 지키는 보이지 않는, 그러나 가장 강력한 힘이 됩니다.

● **기관이 지원하는 '회복의 문화' 만들기**

▶ 쉼이 있는 공간과 시간 보장 : 교사들이 잠시라도 온전히 쉴 수 있는 휴게 공간을 마련하고, 동료 교사와의 협력을 통해 점심시간이나 휴식 시간을 보장해야 합니다. 이는 재충전을 통해 오후에 아이들에게 더 긍정적인 에너지를 줄 수 있는 최소한의 조건입니다.

▶ 정서적 지지 시스템 구축 : 정기적인 교사 회의시간을 문제해결뿐만 아니라 서로의 어려움을 나누고 공감하며 지지하는 '동료 슈퍼비전'의 시간으로 활용해야 합니다. 기관 차원에서 심리상담

이나 코칭 프로그램을 지원하는 것 역시 훌륭한 투자가 될 수 있습니다.

▶ 업무의 본질에 집중할 수 있는 환경 : 불필요한 행정 업무나 과도한 행사 준비 등 교육의 본질에서 벗어나는 업무를 줄여 교사가 오롯이 아이들과의 상호작용에 집중할 수 있도록 지원해야 합니다.

● 교사 스스로 실천하는 '마음 근육' 단련하기

▶ 나의 '감정 신호' 알아차리기 : 스트레스가 한계에 다다랐을 때 나의 몸과 마음에 어떤 신호가 오는지(예 두통, 짜증, 무기력)를 스스로 알아차리는 연습이 필요합니다. 신호를 감지했을 때 잠시 심호흡을 하거나 찬물에 손을 씻는 등 잠시 멈추는 것만으로도 감정적 폭발을 막을 수 있습니다.

▶ 동료와의 건강한 연대 : 힘든 점을 혼자 끙끙 앓기보다 신뢰하는 동료 교사와 나누는 것이 중요합니다. 나의 어려움을 이해받는 경험은 그 자체로 훌륭한 치유가 되며, 함께 해결책을 모색하는 과정에서 교육적 지혜를 얻을 수 있습니다.

▶ 퇴근 후 '연결 끊기' 연습 : 퇴근 후에도 스마트폰 단체 대화방 등을 통해 업무가 계속 이어지지 않도록, 일과 삶의 경계를 명확히 하는 의식적인 노력이 필요합니다. 교사이기 이전에 한 명의 온전한 개인으로서의 삶이 존중될 때, 교육현장에서의 에너지도 되찾을 수 있습니다.

4장

사회 편 : 아이들을 위한 단단한 안전망

가정에서 아무리 건강한 식습관을 가르쳐도, 아이가 문밖을 나서는 순간 달콤한 간식 광고가 아이를 유혹합니다. 기관에서 아무리 미디어 절제를 가르쳐도, 아이의 손에 들린 스마트폰은 교묘한 알고리즘으로 아이를 현혹합니다. 이처럼 우리 아이들을 둘러싼 사회 환경 자체가 중독을 조장하고 있다면, 개별 가정과 기관의 노력은 외로운 싸움이 될 수밖에 없습니다.

앞에서도 언급했듯이 과거에는 "한 아이를 키우려면 온 마을이 필요하다"고 했습니다. 하지만 마을 공동체가 해체된 오늘날, 우리는 "한 아이를 지키기 위해 온 사회가 필요하다"고 말해야 합니다. 이 장에서는 우리 아이들의 건강한 성장을 위해, 우리 사회가 함께 만들어가야 할 단단한 '안전망'에 대해 이야기하고자 합니다.

1 정부와 법의 역할 : 최소한의 보호장치 마련하기

아이들의 권리를 지키는 것은 국가의 가장 기본적인 책무입니다. 우리 어른들은 아이들을 유해한 환경으로부터 보호하기 위한 최소한의 법적·제도적 장치를 정부에 강력히 요구해야 합니다.

● 아이들을 겨냥한 상업주의에 브레이크를

▶ 유해 식품 광고 제한 : 영국, 스웨덴, 캐나다 퀘벡주 등 많은 선진국에서는 어린이 TV 프로그램 시간대에 정크푸드와 고당분 음료 광고를 법적으로 금지하고 있습니다. 우리 역시 아이들의 주 시청 시간대와 유튜브 채널 등에서 아이들의 건강권을 위협하는 식품 광고를 제한하도록 법 개정을 촉구해야 합니다.

● 캐릭터 마케팅 규제

아이들이 좋아하는 캐릭터를 사용하여 과자, 음료수 등 유해 식품의 판매를 유도하는 마케팅을 규제할 필요가 있습니다. 아이의 순수한 팬심을 상업적으로 이용하는 것은 명백한 '경제적 착취'에 해당할 수 있습니다.

● 디지털 놀이터의 규칙 바로 세우기

▶ 확률형 아이템(Loot Boxes) 규제 : 게임 속 '뽑기' 아이템은 명백한 사행성, 즉 도박입니다. 아직 자기조절력이 미숙한 아이들이 이러한 도박성 시스템에 무방비로 노출되지 않도록, 벨기에나 네덜란드처럼 이를 법적으로 규제하고 엄격한 방침을 만들어야 합니다.

▶ 유해 콘텐츠 필터링 강화 : 유튜브, 틱톡과 같은 글로벌 플랫폼 기업들이 아이들을 유해 콘텐츠로부터 보호하기 위한 기술적 장치(연령 확인, 유해 콘텐츠 자동 필터링 등)를 더욱 강화하고, 그 책임을 다하도록 정부가 강력하게 요구해야 합니다. 이들을 겨냥한 고당분·고카페인 광고 심의를 강화하고 미디어, 유튜브 등 몰입형, 중독성 높은 알고리즘을 제한하고 건강 정보 습관 관련 콘텐츠를 제작 확산해야 합니다.

우리나라는 기존에 '셧다운 법(Shutdown Law)'을 시행했었습니다. 이 법은 2011년부터 2021년까지 시행된 게임 이용 제한법으로, 만 16세 미만은 '00:00시부터 다음날 06:00까지' 온라인 게임을 금지하였습니다. 이후 논란 끝에 2021년 폐지되었습니다. 또한 'Smart Sheriff'는 2015년부터 시행된 아동 스마트폰 모니터링 앱 의무 설치 정책인데, 만 19세 미만 사용자들의 스마트폰에 설치하도록 했으나 프라이버시 침해 우려로 논란이 되고 있습니다.

이후 '우리 아이 SNS 안전지대 3법(Three Laws Our Kids' Social Media Safety Zone Act)'이 2024년 8월 국회에 발의되었는데, 오랜 논란 끝에 2025년 8월 국회교육위원회에서 '초·중등교육법 개정안'을 여야 합의로 통과시켰습니다(신소윤, 2025). 2026년 3월부터 시행되는 '초·중등교육법' 개정안은 수업 중 학생들의 스마트폰 사용을 원칙적으로 금지하는 내용을 담고 있습니다.

이는 기존에 교육부 고시로 존재하던 '만 16세 미만 청소년의 SNS 사용 시간 제한, 중독 유도 알고리즘에 대한 보호자 동의 요구, 학교 내 스마트기기 사용 전면 금지, 교육부의 중독 예방 계획 수립 의무화'를 주요 내용을 법적으로 강화하여, 교사가 학습 분위기를 해치는 스마트폰 사용을 제지할 수 있는 명확한 권한을 부여한 것입니다.

물론 학생 인권 단체 등에서는 이러한 법제화가 학생의 자율성을 침해할 수 있다는 우려를 표하기도 합니다. 하지만 이 법안은 디지털 기기가 아이들의 집중력을 앗아가고 교실의 질서를 무너뜨리는 문제가 더 이상 각 학교나 교사 개인의 노력만으로는 해결하기 어려운 사회적 문제라는 공감대가 형성되었음을 보여주는 중요한 변화입니다. 이는 중독을 권하는 사회 환경 속에서 아이들을 지키기 위한 최소한의 '사회적 안전망'을 법률이라는 형태로 마련하려는 의미 있는 시도라고 할 수 있습니다.

프랑스 어린이재단 공익 캠페인 포스터[4]

1980년대 어린이 취침 안내방송[5]

---

4 아이들의 건강한 디지털 사용과 수면을 강조하는 메시지를 담고 있습니다(사진 : Fondation pour l'Enfance, https//www.fondation-enfance.org).

5 1980년대 밤 9시 뉴스 시작 전 어린이들에게 취침 시간을 알리던 방송 화면입니다(사진 : 한국일보, https://www.hankookilbo.com/News/Read/A2024021314150005440).

해외 주요국 아동·청소년 SNS 금지·제한 관련 법률·규정 요약

가(지역)	법률/ 규정명	핵심 내용	시행 예시
미국	COPPA (Children's Online Privacy Protection Act)	13세 미만 아동은 부모 동의 없이 SNS(온라인 서비스 포함) 가입·이용 불가. 개인정보 수집·이용에 엄격한 제한	대부분의 글로벌 SNS(페이스북, 인스타그램, 틱톡 등) 가입 연령을 13세 이상으로 설정. 위반 시 사업자 벌금 부과
유럽 연합 (EU)	DPR(General Data Protection Regulation) 8조	16세 미만 아동은 SNS 등 온라인 서비스 이용 시 보호자(부모) 동의 필요. 각국은 13~16세 사이로 연령 하향 가능	독일·프랑스 등은 16세 미만, 일부 국가는 13~15세로 조정. 부모 동의 없을 시 SNS 가입·이용 제한
영국	Age Appropriate Design Code (Children's Code)	18세 미만 이용자의 프라이버시 보호, SNS 등은 연령 확인과 보호자 동의 기능 강화 의무	플랫폼은 연령 확인 강화, 아동 계정에 대한 데이터 최소화, 알림·추천 등 제한
중국	청소년모드 (Youth Mode), 사이버보안법 등	14세 미만 아동 SNS·게임 등 가입·이용 제한. 청소년모드로 이용 시간, 기능, 콘텐츠 자동 제한	틱톡(중국판 '더우인') : 14세 미만 이용자는 청소년 모드 강제, 하루 40분 사용 제한, 야간(22~6시) 접속 불가
인도	IT Rules 2021	18세 미만 이용자의 개인정보 보호 강화, 플랫폼에 연령 확인 의무 부여. 미성년자 계정의 프라이버시·보호자 통제 강화	SNS별로 연령 확인 강화, 부모/ 보호자 통제 기능 추가 권고
호주	Online Safety Amendment (Social Media Minimum Age) Act 2024	SNS 계정 보유자는 만 16세 이상이어야 하며, 플랫폼은 이를 방지하기 위한 합리적 조치를 취해야 함	2024년 11월 의회 통과, 2025년 12월 10일부터 시행 예정
프랑스	Loi du 7 juillet 2023[6]	SNS에 스스로 가입할 수 있는 연령을 15세 이상으로 제한하는 '디지털 성년 연령(majorité numérique)' 법안	3세 미만 아동은 가입 금지, 13~15세는 부모 동의 필요, 15세 이상은 자율 의사 가능

[주요 공통점]

- 13~16세 미만 아동은 대부분 부모 동의 없이는 SNS 이용 불가 또는 엄격 제한
- SNS 사업자(플랫폼)는 연령 확인 및 보호자 통제 기능 필수
- 위반 시 사업자에 법적 제재(벌금, 서비스 제한 등)

6 '디지털 성년 연령(majorité numérique)' 법안으로 집행을 위한 시행령(decret)이 유럽 연합과의 조율 문제로 아직 발행되지 않아 실질 시행은 미비한 상태입니다.

2 기업의 책임 : 이윤보다 아이를 먼저 생각하는 윤리

아이들을 대상으로 사업을 하는 기업들은 이윤 추구를 넘어, 미래 세대를 키워낸다는 사회적 책임을 가져야 합니다. 어린이 대상 제품(음료, 간식, 디지털 콘텐츠)의 카페인, 당류 중독 유발 성분 표시를 의무화하고 건강 캠페인에 참여하는 기업에 인센티브를 제공하는 방법을 사용할 수 있습니다.

● 식품 기업

'제로 슈거'와 같은 미봉책이 아니라, 아이들이 먹는 과자와 음료의 당류 함량을 근본적으로 줄이는 '설탕 저감화'에 동참해야 합니다. 또한 카페인이나 고당류 식품에 '성장기 어린이에게는 부적합할 수 있습니다'와 같은 명확한 경고 문구를 삽입하는 책임감 있는 자세가 필요합니다.

● 테크/ 게임 기업

아이들의 '스크린 타임'을 늘리는 것이 목표가 되어서는 안 됩니다. 자동 재생 기능(Default Auto-play)을 끄는 것을 기본값으로 설정해야 합니다. 보상형 설계(Reward-based Design) 등 중독성을 강화하는 요소는 '아동·청소년 계정'에 한해 제한하고, 일정 시간이 지나면 휴식을 권장하는 '넛지(Nudge)'[7] 기능을 도입하는 등 아이들의 건

---

7 '넛지(Nudge)'는 강제나 금지가 아닌, 선택 구조의 작은 변화(환경설계)를 통해 사람들이 보다 바람직한 행동을 자연스럽게 선택하도록 유도하는 방법입니다(Thaler & Sunstein, 2008). 예를 들어, 고속도로 인터체인지(IC) 출입구를 초록색과 분홍색으로 색칠해 운전자의 주의를 환기시키는 것도 넛지의 한 사례입니다.

강한 미디어 사용을 돕는 '윤리적 디자인(Ethical Design)'을 고민해야 합니다.

- 장난감 기업

아이들의 뇌를 과잉 자극하는 현란한 전자 장난감보다, 아이들의 창의력과 상상력을 길러주는 개방형(오픈 엔디드) 장난감을 개발하고 생산하는 데 더 많은 투자를 해야 합니다. 또한 전자·빛·소리 자극이 과도한 장난감은 아동 전문가, 학부모 단체의 사전 자문 의무화하는 노력을 확대해야 합니다.

- 윤리적 디자인과 사회참여

기술·게임 회사는 '윤리적 디자인 원칙(Ethical Design Principles)'을 기업의 공식 운영 정책에 포함할 수 있도록 장려해야 합니다. 아동 건강 캠페인에 참여하는 기업에 인센티브를 제공(세제, 인증마크 등)하고, 정부·학부모·전문가와의 '아동 권익 보호 거버넌스'를 구축하도록 해야 합니다.

3 우리 동네 되살리기 : 아이들이 마음껏 뛰놀 공간을

중독 예방의 가장 근본적인 해결책인 '신체활동'을 위해 아이들이 집 밖으로 나와 마음껏 뛰어놀 수 있는 물리적 환경을 복원해야 합니다.

● '혜택'이 아닌 '필수'로서의 놀이터

모든 아이들이 도보로 5분 안에 도달할 수 있는 곳에 안전하고 창의적인 공공 놀이터를 확충해야 합니다. 낡고 획일적인 놀이터가 아닌, 아이들이 자연과 교감하고 약간의 위험을 감수하며 도전 정신을 기를 수 있는 자연 친화적 놀이터 조성이 필요합니다.

● 지역사회의 역할

아파트 단지나 지역 도서관, 주민센터 등이 아이들을 위한 건전한 놀이 프로그램을 개발하고, 주말에는 일부 골목을 '차 없는 거리'로 지정하여 아이들이 안전하게 뛰어놀 수 있는 시간을 보장해 주는 등의 노력이 필요합니다.

(4) 우리 어른들의 목소리 : 변화는 작은 관심에서부터

이 모든 거대한 변화는 결국 이 책을 읽는 우리 어른들의 작은 목소리가 모일 때 시작될 수 있습니다.

● 현명한 소비자 되기

아이를 위한 제품을 구매할 때, 더 건강하고, 더 윤리적인 기업의 제품을 선택하세요. 우리의 소비는 기업을 변화시키는 가장 강력한 투표입니다.

● 연대하고 요구하기

혼자서는 힘이 약합니다. 어린이집이나 유치원의 다른 학부모들과 함께 건강한 간식 정책을 건의하고, 지역사회에 놀이터 확충을 요구하는 민원을 넣으세요.

● 적극적인 시민 되기

아이들의 건강권을 위협하는 문제에 대해, 지역 의원이나 국회의원에게 메일을 보내고, 관련 법률 개정을 촉구하는 청원에 서명하는 등 우리의 목소리를 내는 것을 두려워하지 마세요.

우리 아이 한 명 한 명은 안전하고 건강한 사회에서 살아갈 마땅한 권리가 있습니다. 그 권리를 지켜주는 것은 더 이상 개별 가정의 몫만이 아닙니다. 우리 모두가 아이들의 편에 서서 더 나은 사회를 함께 요구하고 만들어나갈 때 비로소 아이들을 위한 단단한 안전망이 완성될 것입니다.

해외/ 국내 실제 적용 사례(부모/ 교사 교육, 지역사회)

● 해외 실천 사례

- 영국 : 'Sugar Smart School' 캠페인
  학교 매점 내 고당분 음료·간식 판매 제한, 교실별 당류 섭취 교육 의무화

- 미국 : 캘리포니아주 'Healthy Beverage Initiative'
  공립학교 카페인 음료, 설탕 음료 완전 퇴출
  부모 대상 '성분표 보는 법', '카페인·설탕 위험성 워크숍' 정기 개최

- 호주 : 'Good Start Breakfast Club'
  취약계층 아동에게 무가당 간식·과일·견과류 중심 식단 지원

● 국내 실천 사례

- 서울시 '무설탕 주간' 프로젝트
  초등·유치원에서 1주일간 고당분, 고카페인 간식 제한→아동 집중력·수면 개선, 가족 대화시간 증가 등 긍정적 변화 보고

- 부산교육청 '디지털쉼 캠페인'
  교사·부모 대상 디지털 기기 의존도 자가진단, 저연령군 스마트폰 1일 1시간 제한 교육

- 가정통신문·부모 교육
  아동·청소년 건강간식 만들기, 카페인 음료 대체법, 라벨·성분표 읽기 실습

지금까지 가정과 기관, 그리고 사회라는 각자의 자리에서 아이를 중독의 위험으로부터 지키기 위한 구체적인 실천 방법들을 살펴보았습니다. 이 모든 다양한 노력들은 작동하는 원리가 비슷합니다. 따라서 결국 다음과 같은 일곱 가지 핵심 원칙으로 정리할 수 있습니다.

이 원칙들은 복잡한 문제 앞에서 길을 잃지 않도록 도와주는 '나침반'이자, 우리 아이의 삶에 건강한 첫 습관을 새겨 넣기 위한 '헌장'입니다.

● '과잉'은 비워내고 '결핍'은 채운다

중독 예방의 첫걸음은 아이의 삶을 둘러싼 인공적이고 자극적인 과잉(가공식품, 미디어 등)을 의식적으로 비워내는 것입니다. 그리고 그 빈자리를 아이의 발달에 필수적인 진짜 경험(자연, 신체활동, 관계 맺기)으로 채워주어야 합니다.

● '몸의 언어'를 최우선으로 존중한다

모든 중독을 이기는 가장 근본적인 해답은 '신체 움직임'에 있습니다. 아이가 마음껏 뛰놀 때 뇌에서는 건강한 방식으로 행복 호르몬이 분비되며, 이는 인위적인 쾌감을 대체하는 가장 강력한 '천연 백신'이 됩니다.

● '정서적 안전 울타리'를 최우선으로 구축한다

중독은 '정서적 허기'를 파고듭니다. 아이가 어떤 실수를 해도 언제나 사랑받고 보호받을 것이라는 '정서적 안전'에 대한 믿음은 중독을 막는 가장 근본적인 토대입니다. 안정적인 애착 관계를 통해 '정서적 컵'이 가득 찬 아이는 외부의 가짜 위안에 의존할 필요가 없습니다.

● '기다림'과 '심심함'을 허용한다

스스로를 즐겁게 하는 힘, 즉 '놀이 능력'은 심심하고 텅 빈 시간 속에서 싹틉니다. 욕구를 참고 기다리는 경험은 충동을 조절하는 뇌의 브레이크(전두엽)를 단련시키는 최고의 훈련입니다.

● 어른이 가장 강력한 '거울'이자 '환경'이 된다

아이들은 어른의 모습을 통해 세상을 배우고 문제해결 방식을 학습합니다. 아이의 변화를 원한다면 우리 어른들이 먼저 자신의 '순간의 마취제'를 내려놓고 건강한 본보기를 보이는 것이 가장 강력한 교육입니다.

● 명확한 규칙을 설정하고 일관성을 유지한다

아이의 뇌는 예측 가능한 환경 속에서 안정감을 느낍니다. 가정과 기관은 명확한 원칙을 세우고, 아이의 저항이 있더라도 일관되게 지켜나가야 합니다. 어설픈 포기는 아이의 나쁜 습관을 오히려 더 강화시키는 최악의 선택입니다.

● '통제'가 아닌 '연결'을 지향한다

모든 규칙과 훈육의 궁극적인 목표는 아이를 통제하는 것이 아니라 아이와 깊이 연결되는 것이어야 합니다. 아이의 행동을 바꾸려 하기 전에, 먼저 아이의 마음을 읽어주고 공감하는 '연결 후 교정'의 원칙을 기억해야 합니다.

이러한 노력에도 불구하고 아이가 중독이라고 생각된다면 좀 더 적극적인 행동이 필요합니다.

5장

우리 아이가 이미 중독인 것 같습니다. 너무 늦은 걸까요?

이미 이 질문을 마주하고 계신 당신의 무거운 마음과, 그럼에도 불구하고 해결책을 찾으려는 그 용기에 먼저 깊은 지지와 격려를 보냅니다. “너무 늦었다”는 절망감과 “내 탓이다”라는 죄책감은 우리를 앞으로 나아가지 못하게 만드는 가장 큰 걸림돌입니다.

가장 먼저 기억해 주세요. 결코 너무 늦지 않았습니다. 아이의 뇌는 스펀지와 같아서, 놀라운 회복력과 가소성을 가지고 있습니다. 지금이라도 올바른 환경과 도움을 제공한다면, 아이는 얼마든지 건강한 발달 경로로 돌아올 수 있습니다. 결코 쉬운 도전은 아닙니다. 앞에서도 언급했듯이 방법 자체는 쉽지만 꾸준함이 동반되어야 하기 때문에 어려운 여정입니다. 하지만 우리 아이들의 미래를 생각한다면 더 늦출 수 없습니다.

자책과 절망의 단계에서 벗어나, 중독이 의지의 문제가 아니라 도움이 필요한 뇌의 문제임을 인식하는 것이 치유와 예방의 시작입니다.

➲ '혼자가 아닌 함께' 회복 프로젝트

● 1단계 : 스스로를 용서하고, 아이를 있는 그대로 바라보기

가장 먼저 해야 할 일은 "내가 뭘 잘못했을까?"라는 자책의 고리를 끊어내는 것입니다. 3부에서 살펴보았듯 이 문제는 결코 한 사람의 잘못이 아닌, 유아기 뇌 발달 특성과 가정, 그리고 사회 환경이 복합적으로 얽힌 결과입니다. 죄책감은 우리를 무기력하게 만들 뿐입니다. 스스로를 용서하고, 지금 아이의 모습을 비난 없이 있는 그대로 바라보는 것에서부터 회복은 시작됩니다.

● 2단계 : 가정에서 할 수 있는 모든 것 시작하기

전문가의 도움을 찾기 전에, 4부 2장 '가정 편'에서 다루었던 중독 해독 프로젝트를 즉시, 그리고 이전에 시도했던 것보다 훨씬 더 철저하게 시작해야 합니다.

- ▶ 과잉 비우기 : 집 안의 모든 자극적인 간식과 불필요한 미디어를 단호하게 치워주세요.
- ▶ 결핍 채우기 : 하루 15분의 '완전 몰입' 신체 놀이, 주말의 자연 체험 등 아이의 정서적 컵을 채워주는 활동의 양과 질을 획기적으로 늘려야 합니다.
- ▶ 기록하기 : 아이의 행동이 어떻게 변화하는지(수면 시간, 떼쓰는 빈도, 식습관 등)를 매일 간단하게 기록해 주세요. 이 기록은 훗날 전문가와 상담할 때 매우 중요한 자료가 됩니다.

● 3단계 : '도와주세요'라고 말할 용기 내기

가정에서의 노력을 일정 기간 집중적으로 실천했음에도 불구하고 아이의 중독적 행동(금단 현상, 극심한 집착 등)이 나아지지 않는다면, 이는 더 이상 가정의 힘만으로는 해결하기 어려운, 전문적인 개입이 필요한 신호일 수 있습니다. 망설이지 말고 전문가의 도움을 구해야 합니다.

▶ 어디로 가야 할까?

- **소아청소년 정신건강의학과** : 가장 정확한 진단과 치료 계획을 세울 수 있는 곳입니다. '정신과'라는 단어에 대한 편견을 버려야 합니다. 감기에 걸리면 내과에 가듯, 뇌의 어려움은 전문가의 도움을 받는 것이 당연합니다.
- **지역 육아종합지원센터/ 아동상담센터** : 놀이치료, 미술치료, 심리상담 등 아이의 상태에 맞는 다양한 치료적 접근을 제공받을 수 있습니다.
- **스마트쉼센터(한국지능정보사회진흥원 운영)** : 인터넷·스마트폰 과의존 문제에 특화된 상담과 교육 프로그램을 제공합니다.

아이를 위해 전문가의 손을 잡는 것은 결코 실패나 나약함의 증거가 아닙니다. 그것은 내 아이를 끝까지 포기하지 않겠다는 세상에서 가장 책임감 있고 용기 있는 사랑의 표현입니다.

혼자서 모든 짐을 짊어지려 하지 마세요. 여러분과 아이 곁에는 함께할 전문가들이 있습니다.

가정과 기관, 그리고 사회의 모든 노력은 결국 이 하나의 목표를 향해야 합니다. 아이들에게서 과잉 자극을 덜어내고, 그 빈자리를 아이들이 자신의 몸을 마음껏 느끼고 움직일 수 있는 시간과 공간으로 채워주는 것. 우리 아이들 안에 이미 존재하는 '몸의 지혜'를 되찾아 주는 것. 그것이 바로 흔들리는 아이들이 길을 잃지 않도록 우리가 세워줄 수 있는 가장 단단한 등대입니다.

당신은 혼자가 아닙니다

이 책을 통해 우리는 아이들의 삶에 스며드는 중독이라는 보이지 않는 적들의 실체를 마주하고, 그 뿌리가 우리 사회의 '과잉'과 '결핍'이라는 두 얼굴에 맞닿아 있음을 확인했습니다. 그리고 가정과 기관, 사회가 함께 아이들을 지키기 위해 무엇을 해야 하는지에 대한 길고도 지난한 여정을 함께 걸어왔습니다.

이 모든 것을 알면서도 현실 속에서 아이를 키우고 가르치는 일은 외롭고 힘든 여정입니다. 매일의 생존 앞에서 이런 원칙들을 지켜내기란 결코 쉽지 않다는 것을 우리 모두는 잘 알고 있습니다. 부모가 된다는 것, 교사가 된다는 것은 때로 자신의 모든 것을 내어주고도 부족함을 느끼는, 끝없는 자기성찰의 과정이기도 합니다.

아마 이 책을 읽는 동안 때로는 고개를 끄덕이며 공감하고, 때로는 뜨끔한 마음에 가슴이 서늘해지기도 하셨을 겁니다. 어쩌면 이 모든 것을 다 실천해야 한다는 생각에, 앞으로 아이를 키우고 가르칠 일이 거대한 산처럼 느껴져 막막하고 외로운 기분이 드셨을지도 모르겠습니다.

만약 그렇다면 그것은 당신이 아이를 너무나 사랑하는, 책임감 있고 훌륭한 어른이라는 가장 확실한 증거입니다.

또 혹시 이 책을 읽으면서 '해결책이 반복되는 것 같다', '어쩐지 비슷한 이야기가 계속되는 것 같다'고 느끼셨나요? 맞습니다. 바로 그것이 이 책의 핵심 메시지입니다.

우리 아이들이 겪는 어려움의 원인은 무척 다양하고 복잡해 보이지만, 정작 해결책은 생각보다 단순합니다. 물론 그 단순함이 '쉽다'는 뜻은 아닙니다. 오히려 꾸준한 인내와 반복, 기다림이 필요하기에 어렵게 느껴집니다. 그렇기에 그 해법을 끊임없이 반복하고, 포기하지 않고 실천하는 부모와 어른의 태도가 아이를 지키는 가장 강력한 힘이 된다는 사실을 잊지 않으셨으면 합니다.

이 책을 닫는 당신은, 위대한 여정의 가장 중요한 시작점에 서 있습니다. 오늘 아이의 손을 잡고 함께 동네를 산책하는 작은 발걸음이 아이의 뇌에 건강한 씨앗을 심고 우리 사회를 변화시키는 가장 큰 발걸음이 될 수 있습니다.

혹시라도 이 여정이 너무 버겁게 느껴진다면, 아이를 키우고 가르치는 일이 감당할 수 없는 어려움으로 다가온다면, 부디 혼자서 모든 짐을 짊어지려 하지 마세요.

작가 찰리 맥커시의 『소년과 두더지와 여우와 말』에서, 소년은 말에게 이런 질문을 합니다.

"네가 했던 말 중에 가장 용감했던 말이 뭐니?"

말은 잠시 생각하더니 대답합니다.

"도와주세요."

Charlie Mackesy's instargram

도움을 청하는 것은 포기를 거부하는 것입니다.
도움을 청하는 것은 나약함의 증거가 아니라,
나와 내 아이를 지키려는 가장 큰 용기입니다.
신뢰하는 친구든, 지역의 상담센터든, 혹은 전문가의 도움이든,
당신 곁에는 함께할 사람들이 있습니다.

우리 모두는 서로에게 기대어 아이들을 키워내는 따뜻한 연대의 동반자입니다.

부록 1

NIDA가 제안하는 영유아기 중독 예방 일곱 가지 원칙

미국립약물남용연구소(NIDA)는 수많은 연구를 바탕으로, 아이들의 삶 초기에 중독의 위험을 낮추고 건강한 발달을 지원하기 위한 핵심 원칙들을 제시했습니다. 이 원칙들은 이 책 전체를 관통하는 철학과 정확히 일치하며, 우리 어른들이 나아가야 할 방향을 명확히 보여줍니다.

● 원칙 1 : 자기조절능력 강화(Enhancing Self-Regulation)

아이가 자신의 감정과 충동, 행동을 스스로 조절하는 능력을 기르도록 돕습니다. 이는 '기다림과 참아냄'의 경험을 통해 발달하며, 중독에 저항하는 가장 중요한 내면의 힘이 됩니다.

● 원칙 2 : 집행 기능 발달 지원(Supporting Executive Function)

아이의 기억력, 주의력, 문제해결 능력과 같은 고차원적인 사고 능력을 지원합니다. 블록 쌓기, 퍼즐 맞추기, 역할 놀이와 같은 복합적인 놀이는 아이 뇌의 '브레이크'인 전두엽을 직접적으로 단련시킵니다.

● 원칙 3 : 정서 이해 및 표현 능력 향상(Promoting Emotional Understanding)

아이가 자신의 감정(기쁨, 슬픔, 분노 등)이 무엇인지 인지하고, 그것을 파괴적이지 않은 방식으로 표현하도록 돕습니다. "지금 화가 났구나"와 같이 감정을 읽어주는 어른의 역할이 필수적입니다.

● 원칙 4 : 의사소통 능력 증진(Improving Communication Skills)

아이가 자신의 생각과 욕구를 말로 명확하게 표현하는 능력을 길러줍니다. 언어적 소통이 원활한 아이는 떼를 쓰거나 문제 행동을 할 가능성이 줄어듭니다.

● 원칙 5 : 안정적인 애착 관계 형성(Fostering Secure Attachment)

아이와 주 양육자(부모, 교사) 사이의 따뜻하고 신뢰감 있는 유대감을 강화합니다. '정서적 컵'이 가득 찬 아이는 외부의 인공적인 쾌락에 의존할 필요가 없습니다.

● 원칙 6 : 효과적인 양육/ 교수 기술 지원(Supporting Effective Parenting/ Teaching)

부모와 교사에게 긍정적인 훈육 방법, 효과적인 상호작용 기술 등 아이의 건강한 발달을 지원하는 데 필요한 지식과 기술을 제공합니다.

● 원칙 7 : 안전하고 체계적인 환경 제공(Providing Safe and Structured Environments)

아이가 예측 가능하고 일관성 있는 환경 속에서 안정감을 느낄 수 있도록 가정과 기관의 규칙과 일과를 체계적으로 구성합니다. 이는 아이의 불안감을 줄여주는 중요한 '안전 울타리' 역할을 합니다.

부록 2

무엇이든 물어보세요 : 상황별 실천 가이드

지금까지 우리는 중독의 원인부터 다양한 종류, 그리고 거시적인 해결책까지 긴 여정을 함께했습니다. 아마 이 책을 읽으시는 동안, 구체적인 상황에서 "그래서 정확히 어떻게 해야 하지?"라는 질문이 여러 번 떠오르셨을 것입니다. 이 장은 바로 그 질문들에 답하기 위해 마련되었습니다.

지금부터 다룰 내용 중 일부는 우리가 본문에서 이미 논의했던 원칙들과 중복될 수 있습니다. 하지만 이 장의 목표는 이론의 반복이 아니라, 현장의 부모님과 선생님들께서 가장 절실하게 부딪히는 대표적인 곤란한 상황들에 초점을 맞춰, 본문의 지식을 '가장 구체적이고 실천적인 언어'로 재구성하여 전달하는 데 있습니다.

수많은 질문 중 가장 빈번하고 핵심적인 다섯 가지 질문을 엄선했습니다. 이 질문과 답변 속에서, 독자 여러분이 겪고 있는 고민에 대한 명쾌한 실마리를 찾으실 수 있기를 바랍니다.

우리의 목표는 문제가 심각해지기 전에 선제적으로 행동하는 것입니다. 즉, 아이의 발달에 맞는 환경을 제공하여 삶이라는 긴 여정을 지켜갈 내면의 힘을 길러주고, 아이가 스스로 중독의 위험에 맞설 건강한 방어벽을 세우도록 돕는 것입니다.

Q1 영상을 보여주지 않으면 식사 시간이 너무 힘듭니다. 아이가 밥에 집중을 전혀 못 해요.

A 매일 반복되는 식사 시간이 전쟁처럼 느껴지신다니 정말 힘드시겠습니다. 이는 3부에서 살펴보았듯, 아이의 뇌가 음식의 섬세한 자극보다 영상의 강렬한 자극에 길들여지고, '식사=영상'이라는 잘못된 공식이 학습되었기 때문입니다.

핵심 전략

이 잘못된 고리를 끊어내기 위한 단계별 실천 계획을 제안합니다. 가장 중요한 것은 '단호함'과 '일관성'입니다.

단계별 '스크린 없는 밥상' 되찾기

- **1단계 : 새로운 규칙을 정하고 환경 바꾸기**

▶ 규칙 정하기 : 온 가족이 함께 "이제 밥 먹을 땐 스크린과 안녕!"이라는 새로운 규칙을 정하고 아이에게도 알려주세요.

▶ 차단 : 식사 시간에는 TV를 끄고, 모든 가족의 스마트폰을 식탁에서 보이지 않는 곳에 두는 것을 원칙으로 합니다.

- **2단계 : 굳은 결심으로 저항 견디기**

▶ 규칙을 바꾼 첫 며칠의 저항 : 아이는 당연히 떼를 쓰고 울며 저항

할 것입니다. 이는 아이의 뇌가 기존의 강력한 연결고리(식사=영상)를 지키려는 당연한 반응입니다. 이때 우리 어른의 반응이 모든 것을 결정합니다.

- ▶ 감정은 공감, 행동은 거절 : "영상이 보고 싶어서 정말 속상하구나. 그 마음 알아. 하지만 이건 우리 가족의 새로운 약속이야."와 같이 아이의 감정은 충분히 읽어주되, 안 된다는 원칙은 단호하게 지켜야 합니다.
- ▶ '굶을까' 하는 불안 내려놓기 : 아이는 정말 배가 고프면 먹습니다. 한두 끼 식사량이 줄어도 건강에 문제없다는 사실을 믿으셔야 합니다.
- ▶ 최악의 선택, '어설픈 포기' : 여기서 가장 중요한 것이 있습니다. 며칠 시도하다가 아이의 저항에 못 이겨 다시 영상을 트는 것은 상황을 훨씬 더 악화시키는 최악의 선택입니다. 아이의 뇌는 '아, 며칠 더 강하게 떼를 쓰니 결국 영상을 보여주는구나!'라는 강력한 공식을 학습하게 됩니다. 이는 아이의 저항 행동을 오히려 더 강화시키는 악순환을 만들고, 다음번 시도를 몇 배는 더 힘들게 만듭니다.
- ▶ 부모의 결심이 먼저 : 따라서 이 프로젝트를 시작하기 전, 우리 어른들은 '한번 해볼까?'가 아니라, '우리 아이의 평생 건강을 위해 반드시 해낸다'는 굳은 결심을 먼저 해야 합니다. 부모의 흔들리지 않는 태도야말로 이 힘든 과정을 성공으로 이끄는 가장 강력한 힘입니다.

● 3단계 : 식탁을 '관계의 교실'로 만들기

▶ 음식 탐색 : 영상 대신 아이의 주의를 음식 자체로 이끌어주세요. "이 당근은 무슨 색깔이지?", "이건 아삭아삭 소리가 나네!"

▶ 즐거운 대화 : 아이의 하루에 대해 묻고, 즐거운 대화를 나누세요. 식사 시간을 '소통하는 시간'으로 만들어주는 것이 목표입니다.

▶ 과정 칭찬 : 밥을 다 먹은 결과보다 "스스로 먹으려고 노력하는 모습이 멋지다!"처럼 노력하는 과정을 칭찬해 주세요.

핵심 기억하기

우리의 목표는 '밥 한 그릇을 다 비우게 하는 것'이 아닙니다. 아이가 음식 자체의 즐거움을 느끼고 가족과 교감하며, 평생 건강한 식생활을 누릴 아이의 '건강권'을 지켜주는 것입니다.

Q2 공공장소에서 떼쓸 때, 스마트폰만큼 효과적인 게 없어요. 어떻게 대처해야 할까요?

A 마트나 식당처럼 시선이 많은 공공장소에서 아이가 울고 떼를 쓰기 시작하면, 어른은 진땀을 흘리며 당황하게 됩니다. 이때 스마트폰은 주변의 따가운 시선과 아이의 울음소리를 동시에 잠재우는 가장 빠르고 강력한 '소음 차단기'처럼 느껴집니다. 그 유혹을 이겨내기란 정말 어려운 일임을 깊이 공감합니다.

하지만 이 순간의 평화를 위해 스마트폰을 건네는 습관은 장기적으로 아이에게 '떼쓰면 원하는 것을 얻을 수 있다'는 위험한 공식을 학습시키고, 스스로 감정을 조절하는 능력을 기를 기회를 빼앗는다는 사실을 기억해야 합니다.

공공장소에서의 떼쓰기에 대처하는 핵심은 '아이의 감정은 수용하되, 부적절한 행동은 단호하게 통제하는 것'이며, 이를 위해 사전 예방이 무엇보다 중요합니다. 그리고 아이들을 대하는 우리 모두의 시선도 바뀌어야 합니다. 우스갯소리로 '아이들이 가만히 있으면 아픈 것'이라는 말도 있듯이 아이들은 움직이는 것이 본능입니다. 이러한 발달상 특성을 부모 외 모든 어른들도 이해해야 합니다. 그렇다고 마음대로 하도록 내버려 두어도 된다는 것은 아닙니다. 커가는 과정에서 이해받고 또 공중질서를 배우며 책임감 있는 시민으로서의 행동을 배워야 한다는 것입니다.

☑ 핵심 전략

스마트폰이라는 '외부의 강한 자극' 대신 아이의 주의를 긍정적으로 전환하고 부모와 상호작용할 수 있는 '내부의 건강한 자극'을 제공하는 것입니다. 이를 위해 부모의 준비가 필요합니다.

[해결책을 찾기 전 우리 자신에게 먼저 던져야 할 질문]

우리가 구체적인 해결책을 찾기에 앞서, 먼저 스스로에게 솔직한 질문을 던져볼 필요가 있습니다. 이는 결코 우리 자신을 비난하기 위함이 아니라 문제의 진짜 원인을 찾기 위한 용기 있는 성찰의 과정입니다.

"나는 왜 아이에게 스마트폰을 건네는가?"

혹시 아이가 힘들어서가 아니라 내가 조금 편하고 싶어서, 주변의 시선이 두려워서 습관적으로 스마트폰을 건네고 있지는 않은가요?

"이 외출에서 아이가 겪을지 모를 어려움을 줄여줄 나만의 지혜를 준비했는가?"

아이들의 에너지는 한정되어 있습니다. 아이가 피곤해하거나 힘들어할 것이 뻔히 예상되는 상황(예 어른들 위주의 긴 쇼핑, 붐비는 시간대의 식사)을 꼭 지금 이 순간에 만들어야만 하는지 돌아볼 필요가 있습니다.

근본적으로 아이가 떼를 쓸 확률이 높은 갈등 상황 자체를 만들지 않으려는 노력이 가장 현명한 예방책입니다. 아이가 낮잠을 푹 자고 컨디션이 좋을 때, 사람이 붐비지 않는 시간에, 외출의 목적을 최대한 단순하게 하여 짧게 다녀오는 지혜가 필요합니다.

단계별 '공공장소 평화 유지 작전'

● 1단계(출발 전) : '비상용 놀이 키트와 규칙' 준비하기

▶ 비상 키트 : 외출 전 아이의 가방에 작은 '비상용 놀이 키트'를 준비하세요. 이 키트의 핵심은 '밖에서만 만날 수 있는 특별한 친구들'이어야 한다는 점입니다(예 작은 스티커북, 점토, 미니 피규어, 건강한 간식 등).

▶ 규칙 약속 : "만약 장난감 사달라고 바닥에 누워서 떼를 쓰면, 우리는 바로 집으로 돌아와야 해."라고 짧고 명확하게 규칙을 정하고 약속합니다.

● 2단계(상황 발생 직전) : 주의 전환 임무 부여하기

아이가 지루해하거나 떼를 쓰기 시작하는 '낌새'가 보일 때가 골든타임입니다. 아이에게 스마트폰을 찾을 틈을 주지 않고 재미있는 임무를 부여하여 주의를 전환해야 합니다.

- ▶ 탐정 놀이 : "우리 ○○ 탐정님, 여기서 빨간색 물건 5개만 찾아 줄래요?"
- ▶ 도와주세요! : "엄마가 이걸 들어야 하는데 손이 부족하네. 이 두루마리 휴지 좀 잠시만 맡아줄 수 있을까?"와 같은 방식으로 융통성 있게 지금의 환경을 이용하여 주의를 전환하세요.

● 3단계(상황 발생 시) : '비상 키트'와 '스킨십' 활용하기

결국 아이의 떼쓰기가 시작되었다면, 당황해서 스마트폰을 찾기 전에 약속된 행동을 해야 합니다.

- ▶ 장소 이동 후 키트 개방 : 먼저 아이를 조용한 곳으로 데려가 진정시킨 후, "우리 잠깐 쉬면서 비밀 친구들을 만나볼까?"라며 준비해 온 비상용 놀이 키트를 열어주세요.
- ▶ 최고의 대안은 '스킨십' : 아이를 안아주거나, 등을 쓸어주며 "많이 힘들구나. 괜찮아."라고 말해주세요. 부모의 따뜻한 체온과 목소리는 아이를 진정시키는 가장 강력하고 건강한 안정제입니다.

● 4단계 : 그럼에도 불구하고 통하지 않을 때

위의 모든 노력에도 아이가 진정되지 않는다면, 과감히 그 자리를 떠나는 것이 맞습니다. "오늘은 ○○이가 많이 힘든가 보구나. 우리 집에 가서 쉬자."라고 말하고 돌아오는 단호함을 보여주어야 합니다. 그 순간의 불편함을 아이의 건강한 습관과 맞바꾸어서는 안 됩니다.

핵심 기억하기

스마트폰은 떼쓰는 아이를 멈추게 하는 것처럼 보이지만 실제로는 감정을 표현하고 조절하는 법을 배울 기회를 빼앗는 것입니다. 스마트폰은 '급한 불 끄는 소화기'가 아니라, 아이의 감정 조절 능력을 배울 기회를 태워버리는 '기름'입니다. 스스로의 감정을 조절하는 힘을 기르는 것은 아이의 건강한 '발달권'의 핵심입니다. 잠시의 불편함을 감수하는 우리의 일관된 태도가 아이의 평생을 좌우할 자기조절력을 키워줍니다.

Q3 아이가 친구 집에서 유튜브나 게임을 마음껏 즐기고 와서, 우리 집의 '디지털 사용 규칙'이 불공평하다며 불만을 토로합니다. 어떻게 대화하고, 규칙을 유지해야 할까요?

A 이 질문은 오늘날 많은 부모와 교사들이 겪는 실제 고민입니다. 아이의 입에서 "불공평해요!"라는 말이 나오는 순간, 많은 부모님들의 마음은 흔들립니다. '나만 너무 아이를 억압하는 걸까?', '우리 집만 유난스러운 건가?'라는 생각이 들 때, 이때야말로 아이의 마음을 이해해 주면서도 우리 집의 건강한 원칙을 아이에게 확신시켜 줄 가장 중요한 기회입니다.

핵심 전략

우리 가족이 왜 이런 규칙을 세웠는지 그 '가치와 이유'를 아이의 눈높이에서 설명해 줍니다. 가장 중요한 것은 '마음은 공감'하되 '행동은 거절'하는 일관된 훈육입니다. 그리고 다른 기준과 비교하지 않는 것입니다. 이런 전략이 성공을 거두려면 일상에서 우리 아이를 다른 아이와 비교하지 않아야 합니다.

흔들리지 않는 우리 집의 '가치'를 지키는 대화법

● 1단계 : 감정 공감 - 아이의 마음을 먼저 읽어주기

"안돼!"라고 막기 전에, 아이의 감정을 먼저 인정해 주세요. "아, 그랬구나. ○○이네 집에서는 게임을 마음껏 할 수 있는데, 우리는 시간을 정해놓고 하니까 □□이 입장에서는 정말 불공평하다고 느껴지겠다. 속상했겠네." 이처럼 아이의 감정을 먼저 공감해 주는 것만으로도, 아이는 존중받는다고 느끼고 다음 대화를 위한 마음의 문을 열게 됩니다.

● 2단계 : '다름'에 대한 설명 - 세상에는 다양한 규칙이 있단다

다른 집의 규칙이 '틀렸다'고 비난하는 대신 세상에는 다양한 규칙이 있음을 자연스럽게 알려주세요. "사람마다 생김새가 다르듯이, 집집마다 규칙도 조금씩 다를 수 있어. ○○이네 집은 그런 규칙이 있고, 우리 집은 또 다른 규칙이 있는 거란다."

● 3단계 : 우리 집 '가치' 설명하기 - 왜 우리는 이 규칙을 지킬까?

이것이 가장 중요한 단계입니다. 우리 집 규칙의 이유를 설명하며 가족의 긍정적인 가치를 공유해야 합니다.

"엄마 아빠는 □□이가 게임하는 시간도 즐겁지만, 함께 책을 읽고, 공원에서 자전거를 타고, 서로 간지럼 태우며 웃는 시간이 훨씬 더 소중하다고 생각해. 스마트폰을 너무 오래 보면, 우리가 함께할 수 있는 이 재미있는 시간들이 사라지잖아. 그래서 우리 가족은 모두를 위해 이런 약속을 정한 거야." 이 대화는 규칙을 '통제'가 아닌, '가족의 소중한 시간을 지키기 위한 약속'으로 재인식하게 합니다. 그리고 가족의 규칙에 아이의 목소리를 반영해 주세요.

● 4단계 : 긍정적인 대안 제시와 일관성 유지

대화 후에는 아이가 느꼈을 박탈감을 채워줄 수 있는 긍정적인 활동을 함께해 주세요. "대신 우리 지금부터 15분 동안은 아빠랑 신나게 레슬링 한판 할까?"와 같이 스마트폰보다 더 재미있는 '연결의 경험'을 즉시 제공하는 것이 효과적입니다. 그리고 가장 중요한 것은, 아이의 불평에도 불구하고 정해진 규칙은 일관되게 지켜나가는 단호함입니다.

핵심 기억하기

다른 집과의 비교는 불안을 낳을 뿐입니다. 중요한 것은 우리 집만의 건강한 철학과 가치를 세우고, 그것을 꾸준히 지켜나가는 것입니다. 부모의 흔들리지 않는 태도는 아이에게 규칙의 중요성과 함께 세상의 다양한 가치를 존중하는 법을 가르쳐주는 최고의 교육입니다.

Q4 아이가 단 음식만 찾고 편식이 너무 심해요. 어떻게 해야 할까요?

A 매일같이 아이와 '음식'으로 씨름하는 일만큼 힘 빠지는 일도 없지요. 정성껏 만든 음식 앞에서 고개를 젓는 아이를 보면 속상하고, 이러다 아이 건강에 문제가 생길까 봐 불안한 마음이 드는 것은 모든 양육자가 겪는 당연한 감정입니다.

이 문제의 근원은, 3부에서 살펴보았듯 아이의 뇌와 혀가 과자나 음료수의 '강렬한 단맛'에 길들여져, 채소나 밥의 '섬세하고 자연스러운 맛'을 느끼지 못하게 되었기 때문일 가능성이 큽니다.

핵심 전략

아이의 혀가 기억하는 '강렬한 단맛'의 기준을 서서히 리셋하고, 음식과의 관계 자체를 의무가 아닌 즐거운 '놀이'와 '탐험'으로 바꾸어주는 것입니다. 특히 먹을 수 있는 음식의 종류를 넓히는 것보다 균형 잡힌 영양을 공급하는 것에 초점을 맞추세요.

'미각 독립' 프로젝트

● 1단계 : 가장 강력한 적, '액상과당'부터 차단하기

아이의 미각을 가장 빠르고 강력하게 망가뜨리는 주범은 설탕이 든 음료수입니다. 오늘부터 집 안의 모든 주스, 탄산음료, 캐릭터 음료를 없애고, 아이가 목말라할 때는 우선적으로 '물'을 제공하는 것을 철칙으로 삼아주세요. 이것 하나만 실천해도 큰 변화가 시작됩니다.

● 2단계 : 식탁 위의 '압박 제로(Zero-Pressure)' 원칙

▶ 어른의 역할은 '제공'까지 : "먹어 봐!", "한 입만!"이라는 말이 아이에게는 가장 큰 압박입니다. 우리 어른의 역할은 건강한 음식을 식탁 위에 차려주는 것까지입니다. 그것을 먹을지, 먹지 않을지, 얼마나 먹을지는 아이가 결정하도록 그 '선택권'을 존중해 주어야 합니다.

▶ '탐색'만 해도 칭찬하기 : 아이가 새로운 음식을 먹지 않더라도 냄새를 맡거나, 손가락으로 찔러보거나, 아주 살짝 혀를 대보는 등 '탐색'하려는 시도만으로도 "와, 용감하게 냄새를 맡아봤네!"와 같이 구체적으로 칭찬해 주세요.

● 3단계 : 음식을 '놀이 친구'로 만들어주기

아이가 음식과 친해질 기회를 만들어주세요.

- ▶ 요리 과정에 참여시키기 : 함께 마트에서 장을 보고, 채소를 씻고, 안전한 칼로 두부를 자르는 등 아이를 요리 과정의 '참여자'로 만들어주세요. 자신이 직접 만든 음식에 대한 애정은 편식을 줄이는 마법 같은 효과를 냅니다.
- ▶ 푸드 아트(Food Art) : 식판 위에 방울토마토와 브로콜리로 꽃을 만들거나, 밥으로 눈사람을 만드는 등 음식을 재미있는 놀잇감처럼 만들어 아이의 흥미를 유발해 주세요.

● 4단계 : '배고픔'이라는 최고의 소스를 활용하기

가장 중요하지만 많은 부모님들이 가장 어려워하는 단계입니다.

- ▶ 식사 시간 외 간식 금지 : 아이가 식사 시간에 밥을 거부했을 때, 돌아서서 아이가 좋아하는 과자나 빵을 주어서는 안 됩니다. 이는 "밥을 안 먹으면 더 맛있는 것을 먹을 수 있다"는 최악의 공식을 학습시킵니다.
- ▶ 규칙적인 식사 시간 : 정해진 식사 시간이 될 때까지 기다리게 하세요. 아주 조금의 과일, 고구마 등 허기를 달랠 정도(아주 소량)의 간식만 제공합니다. 우리 속담에 "시장이 반찬이다"라는 말에서 알 수 있듯이, 아이가 느끼는 '건강한 배고픔'이야말로 밥을 가장 맛있게 만드는 최고의 소스입니다.

핵심 기억하기

우리의 목표는 당장 눈앞의 '편식 교정'이 아니라, 아이가 음식과의 건강하고 즐거운 관계를 평생 맺도록 돕는 것입니다. 조바심을 버리고 꾸준히 건강한 음식을 제공하고 기다려주는 것이 우리 어른의 가장 중요한 역할입니다.

Q5 맞벌이라 아이와 놀아줄 시간이 절대적으로 부족합니다. 어떻게 해야 할까요?

A 퇴근 후 지친 몸을 이끌고 집에 돌아와 다시 육아라는 또 다른 출근을 해야 하는 맞벌이 부모님들의 고충을 깊이 이해합니다. '아이를 위해 돈을 버는데, 정작 아이와 함께할 시간이 없다'는 자책과 죄책감은 워킹맘과 워킹대디의 어깨를 무겁게 누릅니다.

가장 먼저 기억하셔야 할 사실은, 아이에게 중요한 것은 놀이 시간의 '양(Quantity)'이 아니라 '질(Quality)'이라는 점입니다. 스마트폰을 보며 건성으로 1시간을 함께 있는 것보다, 온전히 아이에게만 집중하는 '밀도 높은 15분'이 아이의 '정서적 컵'을 훨씬 더 효과적으로 채워줍니다.

핵심 전략

'놀이 시간을 따로 내야 한다'는 부담감을 버리고, 짧은 자투리 시간을 활용하여 일상의 모든 순간을 놀이와 상호작용의 기회로 만드는 것입니다.

‘시간의 양’을 ‘관계의 밀도’로 바꾸기

● 하루 단 15분, ‘완전 몰입’ 코어 타임(Core Time) 만들기

퇴근 후 또는 잠들기 전, 하루에 딱 15분만이라도 좋습니다. 모든 스마트폰을 내려놓고 오직 아이에게만 집중하는 ‘코어 타임’을 약속하세요.

이 시간에는 무언가 거창한 것을 할 필요가 없습니다. 아이를 간지럽히며 함께 웃고, 아이가 좋아하는 그림책을 과장된 목소리로 읽어주고, 오늘 하루 어땠는지 눈을 맞추며 들어주는 것만으로도 충분합니다. 이 짧은 시간 동안 아이는 ‘나는 부모님에게 가장 소중한 존재’라는 강력한 안정감을 느낍니다.

● 일상 속에 ‘놀이’를 녹여내기

놀이를 별도의 활동으로 생각하지 말고, 어차피 해야 하는 일상적인 과정에 녹여내 보세요.

- ▶ 출퇴근/ 등하원 길 : 차 안이나 걸어가는 길을 ‘수수께끼 놀이터’로 만들어보세요. “나는 노란색이고, 길고, 원숭이가 좋아해. 나는 뭘까?”와 같은 간단한 놀이는 아이의 두뇌를 자극하고 즐거운 추억을 만듭니다.
- ▶ 목욕 시간 – 목욕 시간을 ‘과학 실험실’로 : 플라스틱 컵으로 물을 옮겨 담고, 거품을 만들어 불어보는 등 물과 거품은 아이에게 최고의 놀잇감입니다.
- ▶ 저녁 준비 시간 : 아이에게 콩나물 꼬리 다듬기, 씻은 채소 물기 털기 등 안전한 임무를 부여하세요. 아이는 ‘엄마 아빠를 돕는

유능한 존재'라는 느낌을 받으며, 이 시간은 노동이 아닌 즐거운 협동 놀이가 됩니다.

● 몸으로 놀기의 위대한 힘

지친 하루 끝에 복잡한 놀이를 해줄 에너지가 없다면, 그저 몸으로 놀아주는 것이 최고의 방법입니다.

- ▶ 5분 레슬링, 이불 그네 : 아빠가 이불 위에 엎드려 말이 되어주거나, 엄마 아빠가 이불 양 끝을 잡고 그네를 태워주는 것만으로도 아이는 까르르 웃으며 행복해합니다.
- ▶ 격렬한 스킨십은 최고의 스트레스 해소제 : 아이를 꼭 껴안고, 간지럼을 태우고, 함께 뒹구는 격렬한 스킨십은 아이의 뇌에 건강한 자극을 주고, 부모와 아이 모두의 스트레스를 해소하는 효과가 있습니다. 아빠와 함께할 수 있는 놀이에 대한 정보는 인터넷에서 쉽게 검색할 수 있습니다. 이 책에서는 놀이 종류를 자세하게 다루지는 않겠습니다. 아이들은 몸으로 놀아주는 것이 중요하다는 점을 기억해 주세요.

핵심 기억하기

아이는 '완벽한 놀이 선생님'을 원하는 것이 아닙니다. 그저 '나에게 온전히 집중해 주는 부모'의 눈빛을 원하는 것입니다. 죄책감을 내려놓고, 짧은 순간이라도 아이와 눈을 맞추고 함께 웃어주세요. 그 따뜻한 '연결의 경험'이야말로 아이를 모든 중독의 위험으로부터 지켜주는 가장 강력한 예방 백신입니다.

부록 3

함께 읽으면 좋은 책

이 책을 통해 아이들의 권리와 중독 문제에 대해 더 깊은 관심을 갖게 된 독자분들을 위해, 더 깊이 있는 탐구를 도와줄 책들을 소개합니다.

● 아동권리 및 아동 존중 철학

- 『느리게 키워야 크게 자란다』 (칼 오노레 저)
  과잉 경쟁과 조기 교육의 시대에 '느림의 미학'을 일깨워주는 책
- 『소년과 두더지와 여우와 말』 (찰리 맥커시 저)
  친절, 용기, 자기 긍정 등 아이의 내면을 단단하게 만들어주는 핵심적인 가치를 다룬, 위로와 연대의 메시지가 필요한 모든 어른과 아이를 위한 그림책
- 『소리치지 않고 때리지 않고 아이를 변화시키는 양육법』 (토마스 고든 저)
  긍정적 훈육(Positive Discipline)의 고전. 아이와의 갈등 상황에서 '나 전달법(I-Message)' 등 구체적인 대화 기술을 통해 아이의 권리를 존중하며 문제를 해결하는 방법을 제시하는 책
- 『어린이라는 세계』 (김소영 저)
  어린이의 마음과 언어를 섬세하게 포착하여, 어른들이 잊고 있던 '어린이'라는 존재 자체를 깊이 이해하게 돕는 책
- 『프랑스 아이처럼』 (파멜라 드러커맨 저)
  아이의 자율성을 존중하면서도 명확한 한계를 설정해 주는 프랑스식 육아법을 통해 '기다림'과 '자기조절력'의 중요성을 일깨워주는 책

놀이의 중요성 및 신체 발달

- 『놀이의 힘』 (데이비드 엘킨드 저)
  조기 교육과 과잉 학습의 시대에, 아이의 건강한 발달에 '자유 놀이'가 왜 필수적인지를 뇌과학적, 심리학적 근거를 들어 설득력 있게 설명하는 책
- 『우리 아이 평생을 좌우하는 바깥 놀이의 힘』 (편해문 저)
  흙, 물, 나무 등 자연 속에서 마음껏 뛰어노는 것이 아이의 몸과 마음을 어떻게 성장시키는지, 국내 아동 놀이 전문가의 시선으로 따뜻하게 풀어낸 책
- 『핀란드 부모는 무엇이 다른가』 (아누 파르타넨 저)
  사회 전체가 아이들의 놀 권리와 건강한 성장을 어떻게 지지하는지, 핀란드의 사례를 통해 사회적 안전망의 중요성을 이야기하는 책

건강한 식습관 및 식사 교육

- 『아이의 식생활 심리』 (정유진 저)
  '식사 전쟁'의 이면에 숨겨진 아이의 심리를 분석하고, 음식과의 건강한 관계를 맺어주기 위한 구체적인 솔루션을 제공하는 책
- 『프랑스 아이들은 왜 편식을 안 할까』 (카렌 르 비용 저)
  음식 자체의 맛을 즐기고, 가족과 함께하는 식사 시간을 소중히 여기는 프랑스 식문화 속에서 아이들의 건강한 미각을 키우는 지혜를 배울 수 있는 책

미디어 및 디지털 리터러시

- 『디지털 세상에서 아이를 구하라』 (카트린 레퀴에 저)
  스마트폰 과의존이 아이의 뇌 발달에 미치는 영향을 과학적 근거를 들어 경고하고, 디지털 디톡스를 위한 구체적인 방법을 제시하는 책
- 『불안 세대』 (조너선 하이트 저)
  스마트폰 기반 아동기가 아이들의 정신 건강에 미치는 영향을 심도 있게 분석한 책
- 『스크린 타임』 (아냐 카메네츠 저)
  디지털 시대를 살아갈 아이들에게 미디어를 무조건 금지하기보다, '디지털 시민'으로서 현명하게 미디어를 사용하는 법을 가르쳐야 한다는 균형 잡힌 시각을 제공하는 책

참/고/문/헌

광주서구중독관리 통합지원센터(n.d). 4대 중독ㅣ인터넷 중독. http://www.dsracc.or.kr/wp_2ds/07_02.html에서 2025년 6월 30일 인출.

김미영·정현희(2018). 초기 청소년의 부모애착과 우울의 관계에서 교사애착의 종단적 매개효과. 한국교육문제연구, 36(2), 1-24.

김애란·이유진·조윤식·김현주·조상훈·김양희 ... & 박용배(2021). 국내 유통 어린이 및 무기 자외선차단제에서 자외선 차단성분, 보존제 및 중금속 실태 조사. 대한화장품학회지, 47(4), 289-296.

김지연(2024). 이만하길 다행이야. 서울 : PCKBOOKS.

김현정(2024. 08. 21). '바카라에 빠진 중학생, 1억 빚…온라인 도박 중독 청소년 사례 보니. 아시아경제. https://www.asiae.co.kr/article/2024081716323580 25에서 2025년 8월 21일 인출.

나무위키(2025). 에토미데이트(마약류 관리에 관한 법률에 의한 마약류·임시마약류).

남윤서(2021. 01. 31). 사교육 "늘었다" 응답 43%, 4년새 최고 … "줄었다"는 5.5% 뿐. 중앙일보. https://www.joongang.co.kr/article/23982404에서 2025년 7월 25일 인출.

대웅제약뉴스룸(2019. 06. 14). 과다한 게임 이용이 우리 몸에 미치는 영향. 대웅제약뉴스룸. https://newsroom.daewoong.co.kr/archives/3064에서 2025년 7월 28일 인출.

문예성(2023. 01. 16). 중독의 미디어. 미션투데이. https://www.missiontoday.co.kr/news/articleView.html?idxno=20335에서 2025년 7월 28일 인출.

박일근(2024. 02. 13). 도둑맞은 잠. 한국일보. https://www.hankookilbo.com/News/Read/A2024021314150 005440에서 2025년 1월 13일 인출.

보건복지부(2024). 2023 아동종합실태조사, 11-1352000-003829-12. 세종 : 보건복지부.

보건복지부·인구보건복지협회(2023). 아빠 육아, 아이의 미래를 바꾸는 새로운 언어. 2023년 제13기 100인의 아빠단 공식 가이드북. 세종 : 보건복지부, 인구

보건복지협회.
식품의약품안전처(2017). 청소년에게 카페인은 에너지가 아닙니다[카페인 바로알기]. https://www.mfds.go.kr/brd/m_227/view.do?seq=29147&srchFr=&srchTo=&srchWord=&srchTp=&itm_seq_1=0&itm_seq_2=0&multi_itm_seq=0&company_cd=&company_nm=&page=8에서 2025년 6월 30일 인출.
식품의약품안전처(2020). 임시마약류 지정 공고 제2020-530호. https://mfds.go.kr/brd/m_741/view.do?seq=2&srchFr=&srchTo=&srchWord=&srchTp=&itm_seq_1=0&itm_seq_2=0&multi_itm_seq=0&company_cd=&company_nm=&page=1에서 2025년 6월 25일 인출.
신소윤(2025. 07. 10). 수업 중 스마트폰 '법적으로' 못 쓴다 … 내년 1학기부터-초중등교육법 개정안 국회 상임위 통과. 한겨레신문. https://www.hani.co.kr/arti/society/schooling/1206970.html에서 2025년 9월 29일 인출.
아동권리보장원(2021). 유엔아동권리협약. 세종 : 보건복지부 아동권리보장원. https://www.ncrc.or.kr/uncrc_child/index.html#page=1에서 2025년 1월 13일 인출.
여성가족부(2023). 2022년 아동·청소년 매체이용 및 유해환경 실태조사 보고서, 11-1383000-000819-11). 세종 : 여성가족부.
여성가족부(2024). 2024년 아동·청소년 매체이용 및 유해환경 실태조사 보고서, 11-1383000-100057-11). 세종 : 여성가족부.
오루미(2025). 어릴 때 사랑받지 못한 아이들의 특징 4가지. 네이버 블로그. https://blog.naver.com/bwpsay/223941625374에서 2025년 7월 13일 인출.
유범상·이주영·정연정·진숙경(2018). 사회권으로 본 인권, 11-1620000-0006760. 서울 : 국가인권위원회.
윤고은(2009. 07. 03). EBS "폭력적인 포르노, 공격성 높인다". 연합뉴스. https://www.yna.co.kr/view/AKR20090703143300005에서 2025월 6월 27일 인출.
이시연(2017. 08. 23). 해충도 마비시킨다고? '카페인 중독'의 진실. 조선일보. https://www.chosun.com/site/data/html_dir/2016/11/28/2016112801715.html에서 2025년 6월 27일 인출.
질병관리청 국가건강정보포털(2025). 청소년의 디지털 과의존. https://health.kdca.go.kr/healthinfo/biz/health/gnrlzHealthInfo/gnrlzHealthInfo/gnrlzHealthInfoView.do?cntnts_sn=6624에서 2025년 6월 26일 인출.
최성열(2015. 03. 10). 한국컴퓨터생활연구소 "심각한 게임중독 핵가족, 종교 없고·남매 중에 첫째 남자 고등학생 위험해". 국제투데이뉴스. http://www.kjtoday.com/bbs/board.php?bo_table=news&wr_id=3895에서 2025년 7월

28일 인출.
한병규(2025. 04. 15). 영유아 사교육 연령↓비용↑… 효과는 미미. 한국교육신문. https://www.hangyo.com/news/article.html?no=104157에서 2025년 7월 23일 인출.
허미담(2023. 04. 18). "깔깔깔" 웃음을 못 멈춰…소녀 척수손상 부른 '해피벌룬' 뭐길래. 아시아경제. https://www.asiae.co.kr/article/2023041815443577650에서 2025년 7월 23일 인출.
MBN(2023. 02. 25). '좀비 마약' 펜타닐에 자일라진까지…미국, 마약 혼합·오용 문제 '심각'. https://www.mbn.co.kr/news/world/4907223에서 2025년 8월 23일 인출.
SBS story(2020). 일요특선 다큐멘터리. AI 실험 대공개! 미디어 영상이 우리 아이에게 미치는 놀라운 영향! (당신의 아이는 무엇을 보고 듣고 있나요?). https://www.youtube.com/watch?v=2qkhjW1X8ag&t=2s&ab_channel=SBSSTORY에서 2025년 8월 23일 인출.

American Academy of Pediatrics(2014). Kids and caffeine: What's the harm?. Healthy Children.org. Retrieved June, 31, 2025, from https://www.healthychildren.org/English/healthy-living/nutrition/Pages/Kids-and-Caffeine-Whats-the-Harm.aspx
American Psychiatric Association(2022). *Diagnostic and statistical manual of mental disorders*(5th ed., text rev.). American Psychiatric Publishing.
Andrea, M., Claire, C., Benoist, S., Sylvie, I., & Peter, L.(2007). Effects of repeated exposure on acceptance of initially disliked vegetables in 7-month old infants. *Food Quality and Preference. 18*(8), 1023-1032.
Association Enfance-Télé: 3-6-9-12: Apprivoiser les écrans et grandir, France, 2023. Retrieved June, 31, 2025, from https://www.3-6-9-12.org
Ayres, A. J.(2005). *Sensory integration and the child: Understanding hidden sensory challenges*(25th anniversary ed.). Western Psychological Services.
Beauchamp, G. K., & Mennella, J. A.(2011). Flavor perception in human infants: Development and functional significance. *Digestion, 83*(1), 1-6.
Bowlby, J.(1969). *Attachment and loss, Vol. 1: Attachment. lttachment and loss.* New York : Basic Books.
Centers for Disease Control and Prevention(2025, January 31). Health problems caused by secondhand smoke. U.S. Department of Health and

Human Services.

Centers for Disease Control and Prevention(2023, September 7). Basics about FASDs. U.S. Department of Health & Human Services.

Children's Commissioner for England(2025, August 18). *Children's exposure to porn higher than before 2023 Online Safety Act, poll finds.* The Guardian.

Cleveland Clinic(2023). Etomidate Injection. September, 17, 2025, Retrieved from Cleveland Clinic website.

Couvillon, M. J., Al Toufailia, H., Butterfield, T. M., Schrell, F., Ratnieks, F. L., & Schürch, R.(2015). Caffeinated forage tricks honeybees into increasing foraging and recruitment behaviors. *Current Biology, 25*(21), 2815–2818.

Davis, J. M., Zhao, Z., Stock, H. S., Mehl, K. A., Buggy, J., & Hand, G. A.(2003). Central nervous system effects of caffeine and adenosine on fatigue. American Journal of Physiology–Regulatory, *Integrative and Comparative Physiology, 284*(2), 399-404.

Ferré, S.(2016). Mechanisms of the psychostimulant effects of caffeine: Implications for substance use disorders. *Psychopharmacology, 233*(10), 1963-1979.

Fonagy, P.(2001). The human genome and the representational world: The role of early mother–infant interaction in creating an interpersonal interpretive mechanism. *Bulletin of the Menninger Clinic, 65*(3: Special issue), 427–448.

Gleason, T. R., & Schenck, P. M.(2009). All my birdies: Children's relationships with pretend characters. In I. E. Sigel & G. H. Brody(Eds.), *Parenting: A dynamic perspective*. Erlbaum.

Hazan, C., & Shaver, P.(1987). Romantic love conceptualized as an attachment process. *Journal of Personality and Social Psychology, 52*(3), 511-524.

Haidt, J.(2024). *The Anxious Generation: How the Great Rewiring of Childhood Is Causing an Epidemic of Mental Illness*. Penguin Press.

Hui, Li., Wenwei L., & Huihua, H.(2022). Associational Parental Screen Addiction with Young Children's Screen Addiction: AChain–Mediating Model. *International Journal of Environmental Research and Public Health 19*(19), 1–12.

Kristen, R. H., & Marc, N, P.(2013). Relations among Delay Discounting, Addictions, and Money Mismanagement: Implications and Future

Directions. *The American Journal of Drug and Alcohol Abuse, 38*(1), 30-42.

Kühn, S., & Gallinat, J.(2014). Brain Structure and Functional Connectivity Associated With Pornography Consumption: The Brain on Porn. *JAMA Psychiatry, 71*(7), 827-834.

Kurtzman, T. L., Otsuka, K. N., & Wahl, R. A.(2001). Inhalant abuse by adolescents. *Journal of Adolescent Health, 28*(3), 170-180.

Laier, C., Pawlikowski, M., Pekal, J., Schulte, F. P., & Brand, M.(2013). Cybersex addiction: experienced sexual arousal when watching pornography and not real-life sexual contacts makes the difference. *Journal of behavioral addictions, 2*(2), 100-107.

Levin, E. D., & Hatfield, L. M.(2018). Neurobehavioral toxicology. In A. W. Hayes, & C. L. Kruger(Eds.), *Hayes' Principles and Methods of Toxicology* (7th ed.). CRC Press.

Mackesy, Charlie(2019). *The boy, the mole, the fox and the Horse.* HarperOne.

McClelland, M. M., Cameron, C. E., Connor, C. M., Morrison, F. J., et al. (2019). *The development of self-regulation in young children.* ERIC Document ED623283.

Mikulincer, M., & Shaver, P. R.(2016). *Attachment in adulthood: Structure, dynamics, and change*(2nd ed.). New York : Guilford Press.

Ruth, MacConville(2019). *Positive Body image in the early years: A practical guide.* PA : Jessica Kingsley publishers.

Mennella, J. A., Jagnow, C. P., & Beauchamp, G. K.(2001). Prenatal and postnatal flavor learning by human infants. *Pediatrics, 107*(6), 88.

National Institute on Drug Abuse(NIDA)(2023, April). Inhalants DrugFacts. U.S. Department of Health and Human Services. Retrieved July, 15, 2025, from https://nida.nih.gov/publications/drugfacts/inhalants

National Institute on Drug Abuse(NIDA)(2023, December). Anabolic Steroids DrugFacts. U.S. Department of Health and Human Services. Retrieved 15. July. 2025. from https://nida.nih.gov/publications/drugfacts/anabolic-steroids

NIF Play(n.d). Movement play is key to kids' development. Retrieved 17. July. 2025 from https://nifplay.org/what-is-play/types-of-play/movement-play/

Olds, J., & Milner, P.(1954). Positive reinforcement produced by electrical stimulation of septal area and other regions of rat brain. *Journal of*

Comparative and Physiological Psychology, 47(6), 419-427.

Peele, S., & Brodsky, A.(1975). *Love and Addiction.* Taplinger Publishing Company.

Penn State Extension(2016, October 31). The body: A tool of learning for young children. Retrieved July, 17, 2025, from https://extension.psu.edu/programs/betterkidcare/news/the-body-a-tool-of-learning-for-young-children

Piatkowska, M., & Kiliç, Z.(2023). Anabolic-androgenic steroids and other appearance-and performance-enhancing drugs used by adolescents: A review of the literature. *International Journal of Adolescent Medicine and Health, 35*(2), 115-125.

Reissig, C. J., Strain, E. C., & Griffiths, R. R.(2009). Caffeinated energy drinks—a growing problem. *Drug and Alcohol Dependence, 99*(3), 1-10.

Ribeiro, J. A., & Sebastião, A. M.(2010). Caffeine and adenosine. *Journal of Alzheimer's Disease, 20*(1), S3-S15.

Roy, A. W., & George, F. K.(2013). The Development and Maintenance of Drug Addiction. *Neuropsychopharmacology volume 39*, 254-262.

Schwartz, C., Chabanet, C., Lange, C., Issanchou, S., & Nicklaus, S.(2011). The role of taste in food acceptance at the beginning of complementary feeding. *Physiology & Behavior, 104*(4), 646-652.

Squire, L. R., Genzel, L., Wixted, J. T., & Morris, R. G.(2015). Memory consolidation. *Cold Spring Harbor perspectives in biology, 7*(8), a021766.

Taylor, M.(1999). *Imaginary companions and the children who create them.* Oxford University Press.

Temple, J. L., Bernard, C., Lipshultz, S. E., Czachor, J. D., Westphal, J. A., & Mestre, M. A.(2017). The Safety of Ingested Caffeine: A Comprehensive Review. *Frontiers in Psychiatry, 8*, 80.

United Nations General Assembly.(1948). Universal declaration of human rights(Resolution 217 A (III)). Retrieved 17, July, 2025 from https://www.un.org/en/about-us/universal-declaration-of-human-rights

Van der Schans, M. J., Allegaert, K., & van den Anker, J. N.(2020). Developmental pharmacology. In M. J. Rieder, & D. N. Bateman(Eds.), *Textbook of Pediatric Clinical Pharmacology.* Wiley.

Volkow, N. D., Wang, G. J., & Baler, R. D.(2011). Reward, dopamine and the control of food intake: implications for obesity. *Trends in Cognitive*

Sciences, 15(1), 37–46.

Volkow, N. D., Wang, G. J., Fowler, J. S., Tomasi, D., & Telang, F.(2011). Addiction: Beyond dopamine reward circuitry. *Proceedings of the National Academy of Sciences, 108*(37), 15037–15042.

Wang and Zeng(2024). Relationship between loneliness and internetaddiction : a meta–analysis, *BMC Public Health, 24*, 1–14.

Wells, L.(2021). *How social norms and parental attitudes influence adolescent smoking behavior*. Frontiers in Public Health.

Wikipedia contributors(2025, August). Delayed gratification. In Wikipedia. Retrieved August, 17, 2025, from Wikipedia.

Williams, L. M., Boyd, K. L., & Fitzgerald, B. M.(2023). *Etomidate*. In StatPearls. StatPearls Publishing.

World Health Organization(2019). International statistical classification of diseases and related health problems(11th ed.). Retrieved from https://icd.who.int/browse11/l–m/en#/http%3a%2f%2fid.who.int%2ficd%2fentity%2f1448597234

World Health Organization(2023). Guidelines on physical activity, sedentary behaviour and sleep for children under 5 years of age. Retrieved August, 17, 2025, from https://www.who.int/publications/i/item/9789241550536

Wright, G. A., et al.(2013). Caffeinated Forage Tricks Honeybees Into Increasing Foraging and Recruitment Behaviors. *Science, 339*(6124), 1202–1204.

[그 외 참고한 문헌 및 사이트]

대법원 판례(2006). 2006도3558.

대법원 판례(2013). 2013도4504.

두산백과(n.d). 게임중독 항목.

의학용어사전(n.d). 마약 항목.

EBS 다큐프라임. 아이의 사생활.

한국생면존중 희망재단. https://www.kfsp.or.kr

한국마약퇴치운동본부 중독재활센터.

24시간 마약류 전화상담센터.

스마트쉼센터(한국지능정보사회진흥원).

저/자/약/력

김은아

원광대학교 유아교유과 졸업
삼육대학교 대학원 석사 졸업
국립강릉원주대학교 대학원 박사 졸업

전) LG U+아이들나라 자문단
KCS교육문화컨설팅 자문교수
그림유치원 pedagogical coordinator
현) 한림성심대학교 유아교육과 교수
한국열린유아교육학회 편집위원
문화치유학회 이사 / 편집위원
한국유아교육학회 이사
홍천군 보육정책 위원
조달청 평가위원
한국전문대학교유아교육과교수협의회 총무이사

흔들리는 아이들, 길을 잃지 않도록

중독 권하는 사회에서 어린이의 권리 보호하기

| **저자** | 김은아

| **1판 1쇄** | 발행 2025년 10월 30일

| **발행인** | 김동훈
| **펴낸곳** | 공동체

| **주소** | 경기도 고양시 일산동구 호수로 358-39, 동문타워 1차 905호(백석동)
| **전화** | 031)814-3000(대표)
| **팩스** | 031)814-3100
| **홈페이지** | www.compub.co.kr
| **전자우편** | compub@naver.com
| **출판등록** | 2005년 10월 6일
| **등록번호** | 제396-2005-36호

| **ISBN** | 979-11-7554-000-2
정가 18,000원